"十四五"国家重点出版物出版规划项目

长江水生生物多样性研究丛书

长江 流域渔业资源现状

陈大庆　杨德国　田辉伍　何勇凤　朱挺兵　等　著

科 学 出 版 社 ｜ 山东科学技术出版社

北　京　　　　　　　　济　南

内 容 简 介

本书介绍在"长江渔业资源与环境调查（2017—2021）"专项的资助下，完成的长江干支流及其附属湖泊 65 个站位的渔业资源调查成果。本研究结合网格法和常规渔获物调查法，于 2017～2019 年共采集到鱼类 318 种，隶属 20 目 38 科，其中历史有分布且本次采集到的鱼类有 303 种，占长江水系历史分布鱼类总种数的 70.0%。这 318 种鱼类中，共发现长江特有鱼类 105 种、低危至濒危等级鱼类 21 种、外来鱼类 26 种，2017～2019 年长江全流域渔业资源质量为 12.48 万 t。在综合分析长江鱼类种类组成、分布现状与历史、成鱼资源和鱼类早期资源现状与历史差异性的基础上，针对长江水域生态环境发生的变化，提出了有针对性的长江渔业资源保护与利用措施。

本书可供渔业管理人员、教育科研工作者、政府管理人员等阅读参考。

审图号：GS 京（2025）0492 号

图书在版编目（CIP）数据

长江流域渔业资源现状 / 陈大庆等著. -- 北京 ： 科学出版社，2025. 3.
（长江水生生物多样性研究丛书）. -- ISBN 978-7-03-081582-8

Ⅰ. S931

中国国家版本馆 CIP 数据核字第 2025QK1927 号

责任编辑：王 静 朱 瑾 习慧丽 陈 昕 徐睿璠 / 责任校对：严 娜
责任印制：肖 兴 王 涛 / 封面设计：懒 河

科学出版社 和 山东科学技术出版社 联合出版
北京东黄城根北街 16 号
邮政编码：100717
http://www.sciencep.com
北京中科印刷有限公司印刷
科学出版社发行 各地新华书店经销
*
2025 年 3 月第 一 版 开本：787×1092 1/16
2025 年 3 月第一次印刷 印张：12
字数：296 000

定价：150.00 元
（如有印装质量问题，我社负责调换）

"长江水生生物多样性研究丛书"

组织撰写单位

组织单位　中国水产科学研究院

牵头单位　中国水产科学研究院长江水产研究所

主要撰写单位

中国水产科学研究院长江水产研究所

中国水产科学研究院淡水渔业研究中心

中国水产科学研究院东海水产研究所

中国水产科学研究院资源与环境研究中心

中国水产科学研究院渔业工程研究所

中国水产科学研究院渔业机械仪器研究所

中国科学院水生生物研究所

中国科学院南京地理与湖泊研究所

中国科学院精密测量科学与技术创新研究院

水利部中国科学院水工程生态研究所

国家林业和草原局中南调查规划院

华中农业大学

西南大学

内江师范学院

江西省水产科学研究所

湖南省水产研究所

湖北省水产科学研究所

重庆市水产科学研究所

四川省农业科学院水产研究所

贵州省水产研究所

云南省渔业科学研究院

陕西省水产研究所

青海省渔业技术推广中心

九江市农业科学院水产研究所

其他资料提供及参加撰写单位

全国水产技术推广总站

中国水产科学研究院珠江水产研究所

中国科学院成都生物研究所

曲阜师范大学

河南省水产科学研究院

"长江水生生物多样性研究丛书"
编　委　会

《长江流域渔业资源现状》
著者委员会

主　任	陈大庆				
副主任	杨德国	田辉伍	何勇凤	朱挺兵	陈　庚	危起伟
	段辛斌	邓华堂	刘　凯	赵　峰	王剑伟	梁志强
	王　生	杜　军	张　辉	吴金明	李云峰	

成　员（按姓氏笔画排序）

王　生	王　雪	王　琳	王永明	王导群	王志坚
王国杰	王思凯	王剑伟	王恕桥	王崇瑞	王银平
方冬冬	邓华堂	石义付	朱　滨	朱志强	朱峰跃
向　燕	危起伟	庄　平	刘　飞	刘　凯	刘绍平
刘思磊	刘慧媛	孙　昳	杜　军	杜　耕	杜红春
李　鸿	李　斌	李　燕	李云峰	李应仁	李君轶
李英钦	李佩杰	李柯懋	杨　刚	杨　健	杨　鑫
杨文波	杨俊琳	杨彦平	杨海乐	吴　凡	吴金明
何　斌	何绪刚	但　言	邹远超	沈　丽	沈红保
张　闯	张　涛	张　辉	张　燕	张瑶瑶	张燕萍
邵　科	范　飞	金斌松	周　路	周运涛	赵　峰
胡飞飞	胡兴坤	茹辉军	段辛斌	段学军	侯　杰
袁立来	袁希平	夏成星	倪朝辉	徐　硕	高　雷
高小平	高立方	陶志英	黄　静	黄颖颖	梅志刚
曹　坤	龚进玲	章海鑫	梁志强	葛海龙	辜浩然
覃剑晖	傅义龙	曾　圣	谢碧文	雷春云	简生龙
蔺丹清	熊美华	熊嘉武	颜　涛	薛绍伟	薛晨江
魏　念					

序

长江，作为中华民族的母亲河，承载着数千年的文明，是华夏大地的血脉，更是中华民族发展进程中不可或缺的重要支撑。它奔腾不息，滋养着广袤的流域，孕育了无数生命，见证着历史的兴衰变迁。

然而，在时代发展进程中，受多种人类活动的长期影响，长江生态系统面临严峻挑战。生物多样性持续下降，水生生物生存空间不断被压缩，保护形势严峻。水域生态修复任务艰巨而复杂，不仅关乎长江自身生态平衡，更关系到国家生态安全大局及子孙后代的福祉。

党的十八大以来，以习近平同志为核心的党中央高瞻远瞩，对长江经济带生态环境保护工作作出了一系列高屋建瓴的重要指示，确立了长江流域生态环境保护的总方向和根本遵循。随着生态文明体制改革步伐的不断加快，一系列政策举措落地实施，为破解长江流域水生生物多样性下降这一世纪难题、全面提升生态保护的整体性与系统性水平创造了极为有利的历史契机。

为了切实将长江大保护的战略决策落到实处，农业农村部从全局高度统筹部署，精心设立了"长江渔业资源与环境调查（2017—2021）"专项（简称长江专项）。此次调查由中国水产科学研究院总牵头，由危起伟研究员担任项目首席专家，中国水产科学研究院长江水产研究所负责技术总协调，并联合流域内外24家科研院所和高校开展了一场规模宏大、系统全面的科学考察。长江专项针对长江流域重点水域的鱼类种类组成及分布、鱼类资源量、濒危鱼类、长江江豚、渔业生态环境、消落区、捕捞渔业和休闲渔业等8个关键专题，展开了深入细致的调查研究，力求全面掌握长江水生生态的现状与问题。

"长江水生生物多样性研究丛书"便是在这一重要背景下应运而生的。该丛书以长江专项的主要研究成果为核心，对长江水生生物多样性进行了深度梳理与分析，同时广泛吸纳了长江专项未涵盖的相关新近研究成果，包括长江流域分布的国家重点保护野生两栖类、爬行类动物及软体动物的生物学研究和濒危状况，以及长江水生生物管理等有关内容。该丛书包括《长江鱼类图鉴》《长江流域水生生物多样性及其现状》《长江国家重点保护水生野生动物》《长江流域渔业资源现状》《长江重要渔业水域环境现状》《长江流域消落区生态环境空间观测》《长江外来水生生物》《长江水生生物保护区》《赤水河水生生物与保护》《长江水生生物多样性管理》共 10 分册。

这套丛书全面覆盖了长江水生生物多样性及其保护的各个层面，堪称迄今为止有关长江水生生物多样性最为系统、全面的著作。它不仅为坚持保护优先和自然恢复为主的方针提供了科学依据，为强化完善保护修复措施提供了具体指导，更是全面加强长江水生生物保护工作的重要参考。通过这套丛书，人们能够更好地将"共抓大保护，不搞大开发"的要求落到实处，推动长江流域形成人与自然和谐共生的绿色发展新格局，助力长江流域生态保护事业迈向新的高度，实现生态、经济与社会的可持续发展。

中国科学院院士：陈宜瑜

2025 年 2 月 20 日

"长江水生生物多样性研究丛书"

前　言

　　长江是中华民族的母亲河，是我国第一、世界第三大河。长江流域生态系统孕育着独特的淡水生物多样性。作为东亚季风系统的重要地理单元，长江流域见证了渔猎文明与农耕文明的千年交融，其丰富的水生生物资源不仅为中华文明起源提供了生态支撑，更是维系区域经济社会可持续发展的重要基础。据初步估算，长江流域全生活史在水中完成的水生生物物种达4300种以上，涵盖哺乳类、鱼类、底栖动物、浮游生物及水生维管植物等类群，其中特有鱼类特别丰富。这一高度复杂的生态系统因其水文过程的时空异质性和水生生物类群的隐蔽性，长期面临监测技术不足与研究碎片化等挑战。

　　现存的两部奠基性专著——《长江鱼类》（1976年）与《长江水系渔业资源》（1990年）系统梳理了长江206种鱼类的分类体系、分布格局及区系特征，揭示了环境因子对鱼类群落结构的调控机制，并构建了50余种重要经济鱼类的生物学基础数据库。然而，受限于20世纪中后期的传统调查手段和以渔业资源为主的单一研究导向，这些成果已难以适应新时代长江生态保护的需求。

　　20世纪中期以来，长江流域高强度的经济社会发展导致生态环境急剧恶化，渔业资源显著衰退。标志性物种白鱀豚、白鲟的灭绝，鲥的绝迹，以及长江水生生物完整性指数降至"无鱼"等级的严峻现状，迫使人类重新审视与长江的相处之道。2016年1月5日，在重庆召开的推动长江经济带发展座谈会上，习近平总书记明确提出"共抓大保护，不搞大开发"，为长江生态治理指明方向。在此背景下，农业农村部于2017年启动"长江渔业资源与环境调查（2017—2021）"专项（以下简称长江专项），开启了长江水生生物系统性研究的新阶段。

　　长江专项联合24家科研院所和高校，组织近千名科技人员构建覆盖长江干流（唐古拉山脉河源至东海入海口）、8条一级支流及洞庭湖和鄱阳湖的立体监测网络。采用20km×20km网格化站位与季节性同步观测相结合等方式，在全流域65个固定站位，开展了为期五年（2017～2021年）的标准化调查。创新应用水声学探测、遥感监测、无人机航测等技术手段，首次建立长江流域生态环境本底数据库，结合水体地球化学技术解析水体环境时空异质性。长江专项累计采集 25 万条结构化数据，建立了数据平台和长江水生生物样本库，为进一步研究评估长江鱼类生物多样性提供关键支撑。

本丛书依托长江专项调查数据，由青年科研骨干深入系统解析，并在唐启升等院士专家的精心指导下，历时三年精心编集而成。研究深入揭示了长江水生生物栖息地的演变，获取了"长江十年禁渔"前期（2017～2020 年）长江水系水生生物类群时空分布与资源状况，重点解析了鱼类早期资源动态、濒危物种种群状况及保护策略。针对长江干流消落区这一特殊生态系统，提出了自然性丧失的量化评估方法，查清了严重衰退的现状并提出了修复路径。为提升成果的实用性，精心收录并厘定了 430 种长江鱼类信息，实拍 300 余种鱼类高清图片，补充收集了 130 种鱼类的珍贵图片，编纂完成了《长江鱼类图鉴》。同时，系统梳理了长江水生生物保护区建设、外来水生生物状况与入侵防控方案及珍稀濒危物种保护策略，为管理部门提供了多维度的决策参考。

《赤水河水生生物与保护》是本丛书唯——本聚焦长江支流的分册。赤水河作为长江唯一未在干流建水电站的一级支流，于 2017 年率先实施全年禁渔，成为"长江十年禁渔"的先锋，对水生生物保护至关重要。此外，中国科学院水生生物研究所曹文宣院士团队历经近 30 年，在赤水河开展了系统深入的研究，形成了系列成果，为理解长江河流生态及生物多样性保护提供了宝贵资料。

本研究虽然取得重要进展，但仍存在监测时空分辨率不足、支流和湖泊监测网络不完善等局限性。值得欣慰的是，长江专项结题后农业农村部已建立常态化监测机制，组建"长江流域水生生物资源监测中心"及沿江省（市）监测网络，标志着长江生物多样性保护进入长效治理阶段。

在此，谨向长江专项全体项目组成员致以崇高敬意！特别感谢唐启升、陈宜瑜、朱作言、王浩、桂建芳和刘少军等院士对项目立项、实施和验收的学术指导，感谢张显良先生从论证规划到成果出版的全程支持，感谢刘英杰研究员、林祥明研究员、方辉研究员、刘永新研究员等在项目执行、方案制定、工作协调、数据整合与专著出版中的辛勤付出。衷心感谢农业农村部计划财务司、渔业渔政管理局、长江流域渔政监督管理办公室在"长江渔业资源与环境调查（2017—2021）"专项立项和组织实施过程中的大力指导，感谢中国水产科学研究院在项目谋划和组织实施过程中的大力指导和协助，感谢全国水产技术推广总站及沿江上海、江苏、浙江、安徽、江西、河南、湖北、湖南、重庆、四川、贵州、云南、陕西、甘肃、青海等省（市）渔业渔政主管部门的鼎力支持。最后感谢科学出版社编辑团队辛勤的编辑工作，方使本丛书得以付梓，为长江生态文明建设留存珍贵科学印记。

危起伟　研究员　　　　　　　　　曹文宣　院士
中国水产科学研究院长江水产研究所　　中国科学院水生生物研究所

2025 年 2 月 12 日

前　言

　　由中国水产科学研究院长江水产研究所危起伟首席科学家主持的"长江渔业资源与环境调查（2017—2021）"专项于2017年立项启动，这是自中华人民共和国成立以来第二次针对长江流域的全面调查。该项目由中国水产科学研究院长江水产研究所牵头，中国水产科学研究院下属的淡水渔业研究中心、东海水产研究所、资源与环境研究中心、渔业机械仪器研究所，以及中国科学院水生生物研究所、水利部中国科学院水工程生态研究所、西南大学、华中农业大学、内江师范学院、青海省渔业环境监测站、云南省渔业科学研究院、贵州省水产科学研究所、重庆市水产科学研究所、四川省农业科学院水产研究所、湖北省水产科学研究所、湖南省水产研究所、陕西省水产研究所、江西省水产科学研究所、中南林业调查规划设计院等沿江各省级水产研究所及其他有关单位参加，采取分工协作的方式承担调查任务。该项目设置包括从长江源（楚玛尔河和沱沱河）至长江口（上海）6300余千米的长江干流，大型一级支流雅砻江、岷江（含大渡河）、横江、赤水河、沱江、嘉陵江、乌江、汉江，以及洞庭湖、鄱阳湖等通江湖泊水域的共65个站位，涉及鱼类种类组成、渔业资源现状、珍稀鱼类资源现状、江豚资源和分布、渔业生产状况、渔业生态环境现状、消落区资源和环境现状等调查任务。其中，鱼类种类组成调查以《内陆水域渔业自然资源调查手册》《淡水生物资源调查技术规范》《生物多样性观测技术导则 内陆水域鱼类》《水库渔业资源调查规范》等规范和导则方法为基础，2017年重点调查时，以20 km×20 km的网格为采样单元进行全流域覆盖，包括重要支流，整个长江流域共调查采样419个网格。2018～2019年常规调查时，以各调查断面为基础，按渔获物调查方式对鱼类种类组成进行补充式调查，同时针对2017年未完成调查的网格进行补充调查。

　　2017～2019年主要调查结果显示，长江水系历史分布鱼类共443种，包括418种土著鱼类（含372种淡水鱼类、8种洄游性鱼类、38种河口定居鱼类），隶属14目36科161属。2017～2019年共采集到鱼类318种，隶属20目38科，其中历史有分布且本次采集到的鱼类有303种，占长江水系历史分布鱼类总种数的68%，这318种鱼类中，共发现长江特有鱼类 105 种、低危至濒危等级鱼类 21 种、外来鱼类 26 种。综合分析发现，长江鱼类分布现状与历史分布的差异性主要表现在四个方面：一是长江水系历史有分布，2017～2019 年调查未采集到的鱼类有 140 种，隶属 10 目 16 科，其中长江特有种有 81 种；二是长江水系历史无分布而 2017～2019 年调查新采集到的鱼类有 15 种，隶属 6 目 8 科，主要为外来鱼类；三是尚有 215 种鱼类（隶属 15 目 27 科）虽被采集到，但并未在其历史分布的所有单元被采集到，仅仅在部分历史分布单元被采集到，占长江水系采集到鱼类总种数的 67.6%；四是尚有 23 种鱼类不仅在其历史分布单元被采集到，还在其他非历史分布单元被采集到，其采集单元数占其历史分布总水域单元数的比例均超过 100%。

长江全流域优势种有鲤、鲫、鲢、黄颡鱼、短颌鲚、鲇等，渔获物数量比前十位依次为鲤、鲫、鲢、黄颡鱼、短颌鲚、鲇、蛇鮈、草鱼、光泽黄颡鱼和餐，渔获物质量比前十位依次为鲤、鲢、短颌鲚、鲇、鲫、铜鱼、黄颡鱼、鳜、刀鲚和鳊。各水域渔获物种类差异较大，同时各水域相同种类在数量比、质量比上也存在较大差异。长江全流域平均单位捕捞努力量渔获量（catch per unit effort，CPUE）为 7.89 kg/（船·d），长江干流平均为 7.86 kg/（船·d），其中金沙江为 4.16 kg/（船·d）、长江上游干流为 2.91 kg/（船·d）、三峡库区为 14.00 kg/（船·d）、长江中游干流为 10.92 kg/（船·d）、长江下游干流为 11.94 kg/（船·d）、长江口为 3.22 kg/（船·d）；两湖平均为 16.49 kg/（船·d），其中洞庭湖为 25.69 kg/（船·d）、鄱阳湖为 7.29 kg/（船·d）；各大支流平均为 5.76 kg/（船·d），其中雅砻江为 4.78 kg/（船·d）、横江为 3.13 kg/（船·d）、岷江（含大渡河）为 1.71 kg/（船·d）、沱江为 8.02 kg/（船·d）、赤水河为 5.60 kg/（船·d）、嘉陵江为 10.40 kg/（船·d）、乌江为 3.18 kg/（船·d）、汉江为 9.23 kg/（船·d）。

通过单位捕捞努力量换算资源密度估算，长江全流域鱼类资源数量约为 8.85 亿尾，长江干流为 5.94 亿尾，其中金沙江为 900.28 万尾、长江上游干流为 928.17 万尾、三峡库区为 1.50 亿尾、长江中游干流为 0.94 亿尾、长江下游干流为 0.40 亿尾、长江口为 1.46 亿尾；两湖为 2.08 亿尾，其中洞庭湖为 0.59 亿尾、鄱阳湖为 1.49 亿尾；长江支流为 0.83 亿尾。长江全流域鱼类资源质量为 12.48 万 t，长江干流为 4.23 万 t，其中金沙江为 447.79 t、长江上游干流为 520.98 t、三峡库区为 1.50 万 t、长江中游干流为 0.94 万 t、长江下游干流为 1.34 万 t、长江口为 0.35 万 t；两湖为 7.84 万 t，其中洞庭湖为 3.12 万 t、鄱阳湖为 4.72 万 t；长江支流为 0.41 万 t，其中雅砻江为 202.66 t、横江为 32.03 t、岷江（含大渡河）为 230.29 t、沱江为 165.30 t、赤水河为 102.79 t、嘉陵江为 0.12 万 t、乌江为 589.02 t、汉江为 0.16 万 t。

在长江源（金沙江、雅砻江、横江和岷江）、长江一级支流（赤水河、沱江、嘉陵江、乌江和汉江）、长江干流（长江上游、三峡库区、长江中游、长江下游和长江口）及通江湖泊（鄱阳湖和洞庭湖）16 个水域共设置 130 个调查区域。产漂流性卵鱼类主要在长江干流开展调查，累计调查 1828 d，采集鱼卵 5 万余粒、鱼苗 4584 万余尾；产黏性卵鱼类主要在嘉陵江、三峡库区、乌江、鄱阳湖、洞庭湖等区域开展调查，累计调查 162 d，采集鱼卵 7000 多粒、鱼苗 6100 多尾。长江主要水域年均卵苗径流量为 9821.32 亿粒（尾），产漂流性卵鱼类卵苗径流量约为 9770.53 亿粒（尾），产黏性卵鱼类卵苗径流量约为 50.79 亿粒（尾），卵苗径流量较历史下降明显。长江流域主要鱼类产卵场在金沙江、三峡库区演变较大，多处产卵场消失，现有产卵场产卵量急剧下降。

长江的鱼类资源是我国淡水水系中最丰盛的，种类多、数量大，是我国宝贵的天然资源财富，鱼类物种多样性具有种类丰富、特有性高、生活史复杂多样、多样性指数区域差异明显等诸多特点。长江拥有丰富的鱼类物种资源和独有的大量珍稀、特有鱼类，是我国养殖鱼类的重要基因库，这些鱼类不仅具有重要的科学经济价值，还具有文化观赏价值。随着长江流域经济快速发展，水域环境状况发生了巨大变化。受水体污染、过度捕捞、水利工程、江湖阻隔与围垦、生物入侵、岸线利用、航道整治、挖砂采石等的影响，长江流域河流生态系统严重退化，天然水生生境大幅度萎缩、空间格局破碎，水生生物的栖息生境发生明显变化，水生生物多样性指数持续下降，鱼类资源趋于小型化，长江鱼类资源已全面衰退，这严重影响了长江生态系统健康与鱼类多样性组成和维持，其水生生物保护形势十分严峻。为了保护长江鱼类资源，我国已采取了多种保护措施，如限制捕捞、实行人工增殖放流、建立自然保护区等，这些也是国际上通常采用的保护措施，同时长江流域还实行了划定生态保护红线、生态调度、栖息地修复、建立过鱼设施等措施。这些保护措施对鱼类资源起到了一定的保护作用，但这些措施目前都存在不同程度的不足，并没有实现对鱼类资源的全面保护。

作　者

2024 年 12 月

目　录

第1章　总论 ··· 1
1.1　长江水系及其自然环境 ··· 2
1.1.1　长江水系 ·· 2
1.1.2　长江流域自然环境 ·· 5
1.1.3　长江流域社会经济发展 ·· 6
1.2　长江鱼类调查简史 ··· 7
1.2.1　1980 年以前 ·· 7
1.2.2　1980～2000 年 ··· 8
1.2.3　2000 年以后 ··· 11
1.3　长江渔业资源调查简史 ·· 11
1.4　长江渔业资源与环境专项调查 ·· 12

第2章　长江鱼类物种多样性 ·· 19
2.1　长江鱼类种类组成 ·· 20
2.1.1　长江鱼类名录 ··· 20
2.1.2　特有种、濒危种、外来种 ·· 23
2.2　长江鱼类物种的多样性 ·· 26
2.2.1　多样性概述 ··· 26
2.2.2　物种多样性 ··· 27

第3章　长江鱼类空间分布格局 ·· 33
3.1　长江鱼类分布特征 ·· 34
3.1.1　分布概况 ··· 34
3.1.2　分布特征 ··· 41

3.2　长江鱼类空间分布格局 ································· 42
　　3.2.1　聚群结构 ····································· 42
　　3.2.2　指示物种 ····································· 44

第4章　渔业资源现状 ································· 45

4.1　成鱼资源 ··· 46
4.2　优势种 ··· 49
4.3　资源量 ··· 64
4.4　重要鱼类生物学 ··································· 68
　　4.4.1　圆口铜鱼 ····································· 68
　　4.4.2　铜鱼 ··· 71
　　4.4.3　草鱼 ··· 73
　　4.4.4　鲢 ··· 75
　　4.4.5　长薄鳅 ······································· 77
　　4.4.6　瓦氏黄颡鱼 ··································· 79
　　4.4.7　长鳍吻鉤 ····································· 81
　　4.4.8　云南光唇鱼 ··································· 82
　　4.4.9　斑点蛇鉤 ····································· 83
　　4.4.10　大鳍鳠 ····································· 84
　　4.4.11　高体近红鲌 ································· 86
　　4.4.12　中华沙鳅 ··································· 88
　　4.4.13　短体副鳅 ··································· 89
　　4.4.14　齐口裂腹鱼 ································· 91
　　4.4.15　鳊 ··· 92
　　4.4.16　鳜 ··· 94
4.5　成鱼资源演变 ····································· 96
　　4.5.1　种群结构变化 ································· 96
　　4.5.2　区域特异变化 ································· 96
　　4.5.3　生物学特征变化 ······························· 96
　　4.5.4　资源量变化 ··································· 97
4.6　鱼类早期资源 ····································· 98
　　4.6.1　卵苗径流量 ··································· 99
　　4.6.2　产卵场分布 ·································· 100
　　4.6.3　鱼类早期资源演变 ···························· 115

第5章　长江鱼类的保护与利用 ··················· 119

5.1　长江鱼类面临的威胁 ······························ 120
　　5.1.1　水体污染 ···································· 120

5.1.2　过度捕捞 ……………………………………… 121

5.1.3　水利工程 ……………………………………… 123

5.1.4　江湖阻隔与围垦 ……………………………… 126

5.1.5　生物入侵 ……………………………………… 128

5.1.6　其他 …………………………………………… 129

5.2　长江鱼类的保护与利用 ……………………………… 130

5.2.1　长江鱼类的保护 ……………………………… 130

5.2.2　长江鱼类的利用 ……………………………… 133

参考文献……………………………………………………… 135

附录1　长江鱼类名录 ……………………………………… 138

附录2　长江鱼类分布表 …………………………………… 151

01

第 1 章　总　论

1.1 长江水系及其自然环境

长江是中国第一大河，也是世界著名的河流，发源于青藏高原唐古拉山脉主峰各拉丹冬雪山西南侧，干流自西向东流经青海、西藏、四川、云南、重庆、湖北、湖南、江西、安徽、江苏、上海11个省（区、市），于崇明岛以东注入东海，支流涉及甘肃、贵州、陕西、河南、广东、广西、福建、浙江8个省（区）的部分地区，干流全长为6300余千米，仅次于尼罗河与亚马孙河，居世界第三位。长江流域面积为180万km²，占全国陆域总面积的18.75%。长江多年平均年径流量约为9600亿m³，占全国河川年径流量的36%，仅次于亚马孙河与刚果河，也居世界第三位。

1.1.1 长江水系

长江流域位于24°30′N～35°45′N，90°33′E～122°25′E，整个地势西高东低，跨越中国地势的三大阶梯，地跨扬子准地台、三江褶皱系、松潘—甘孜褶皱系、秦岭褶皱系和华南褶皱系五大构造区，地质构造复杂多变。

长江水系形成历史悠久，水系总体上呈树枝状（图1.1）。长江流域水系发育有支流约7000条，流域面积大于1000 km²的支流有437条，大于10 000 km²的有49条，大于80 000 km²的支流有8条，分别为雅砻江、岷江、嘉陵江、乌江、沅江、湘江、汉江、赣江。流域面积以嘉陵江最大，其次为汉江；长度以汉江最长，其次为雅砻江；水量以岷江最大，其次为嘉陵江。8条支流多年平均流量均大于1500 m³/s，超过黄河。由于各支流流域的地质构造、基岩性质和地表形态十分复杂，因而各支流水系平面形态各异，如江源地区的支流和嘉陵江为扇状水系，金沙江、雅砻江与相互平行排列的短小支流组成羽状水系，乌江、湘江也属羽状水系，岷江和沱江流入四川盆地时形成辐射状水系，长江三角洲、江汉平原河道交织成网状水系。

0 75150 300 450 60km

图例
—— 水域

图1.1 长江水系

　　长江流域湖泊众多，如江源地区多为咸水湖、盐湖，约占流域湖泊总面积的4%；滇北、黔西高原湖泊约占4%；中下游平原地区湖泊约占92%，主要湖泊有鄱阳湖、洞庭湖、太湖、巢湖、梁子湖、洪湖、西凉湖等，均为淡水湖，其中鄱阳湖面积达3210 km²，为最大，洞庭湖面积为2623 km²，为第二，太湖面积为2338 km²，为第三。流域湖泊类型不一，有冰川湖（如江源冰川附近湖泊）、构造湖（如湖南的洞庭湖、江西的鄱阳湖、云南的滇池）、堰塞湖（如四川凉山的马湖）、溶解湖（如贵州的草海）、牛轭湖等。

　　长江干流自江源至湖北省宜昌市为上游，河段长4504 km，流域面积约100万km²，占全流域面积的55.6%，包括江源段、通天河下段、金沙江段和川江段。其中，江源段起于沱沱河源，位于青藏高原腹地，止于楚玛尔河汇合口处，全长624 km，流域面积约102 700 km²。楚玛尔河汇合口以下至巴塘河口为通天河下段，长约550 km，河谷渐趋弯曲、狭窄，水流较急，是江源高平原丘陵向高山峡谷的过渡地带。巴塘河口以下至岷江口的长江干流通称金沙江，长约2290 km，约占长江上游干流河长的2/3，集水面积为36.2万km²，约占长江上游流域面积的36%，总落差为3333 m，平均坡降为1.45‰。金沙江干流穿行于高山深峡之中，河床狭窄，水流湍急，流向变化多端，具有"高、深、陡、窄、弯"的特点，水能资源富集，是长江流域水能蕴藏最集中的河段。金沙江从青海省玉树巴塘河口至云南省丽江石鼓为上段，河长约965 km，落差为1720 m，平均坡降为1.78‰，流域宽度不大，支流不甚发育，水网结构大致呈树枝状，局部河段的短小支流垂直注入干流，水网结构呈"非"字形，上段有13条支流的流域面积超过1200 km²，9条支流的河长超过100 km，依次为松麦河、赠曲、热曲、中岩曲、巴曲、藏曲、欧曲、达拉河和支巴洛河。金沙江从云南省丽江石鼓至四川省新市镇为中段，河长约1220 km²。金沙江中段除金江街、三堆子至龙街、蒙姑、巧家等地为开敞的"U"字形河谷外，其他大部分河段均为连续的"V"字形峡谷。金沙江中段有19条支流的流域面积超过1200 km²，14条支流的河长超过100 km，依次为雅砻江、牛栏江、普渡河、龙川江、水落河、渔泡江、黑水河、西溪河、硕多岗河、美姑河、小江、漾弓江、以礼河和普隆河。金沙江中段还拥有一些著名的高原湖泊，主要有滇池、泸沽湖、程海、马湖、邛海、清水海、者海等。雅砻江是金沙江的最大支流，也是长江8条大支流之一，发源于青海省巴颜喀拉山尼彦纳玛克山与冬拉冈岭之间，全长1571 km，流域面积约128 440 km²，约占长江上游集水总面积的13%，天然落差为3870 m，平均坡降为2.46‰。金沙江从四川省新市镇至四川省宜宾岷江口为下段，河长约106 km。金沙江下段两岸属低山和丘陵，河床多砾石，沿岸有较宽阔的阶地分布，支流除横江外均较短小，水网结构呈格网状。横江是金沙江下段右岸支流，发源于云南省鲁甸县水磨镇大海子，全长305 km，流域面积为14 781 km²，天然落差为2080 m；长江干流自金沙江末端的四川省宜宾市至湖北省宜昌市段，因大部分流经四川省，俗称川江，干流全长约1040 km，天然落差超过210m，流域面积约为532 200 km²，约占长江流域面积的30%。川江水系地处四川盆地及四周倾向于盆地的高山、中山、低山地带，地形变化很大，西部及西北部为青藏高原和横断山脉纵深谷地。川江水系发育，集水面积在1000 km²以上的一级支流有24条，支流在两岸分布不均，主要集中在左岸，主要有岷江、沱江、嘉陵江等，纵贯整个四川盆地，右岸主要支流有赤水河、乌江。川江两岸支流均向盆地辐射，左岸大支流较多，右岸除乌江外支流多短促，构成不对称的向心状水系，丘陵和阶地交错，河流弯曲，枯水季节有较多的浅滩和沙洲。川江干流河床断面一般呈"U"字形，或因滩地构成复式断面。

长江干流从湖北省宜昌市南津关以下，经湖北省、湖南省至江西省鄱阳湖口为中游，长约 950 km，流域面积约为 68 万 km²，水流平缓，平均坡降为 0.03‰左右。长江中游水系包括长江中游干流、洞庭湖、汉江、鄱阳湖水系和其他分布在两岸的湖群以及直接汇入长江的一些支流。其中，长江中游干流两岸平原广袤，湖泊星罗棋布，河网纵横，两岸主要是由侵蚀低山丘陵、河流阶地、冲积平原和河漫滩组成不同的岸坡形态和结构。洞庭湖水系流域面积超过 262 800 km²，湖区面积为 2623 km²，湖区有湘、资、沅、澧四水及汨罗江、新墙河等汇入，全水系多年平均年径流量为 2016 亿 m³，约占长江流域地表水资源的 21%，水系复杂，河网密布，分为西、南、东洞庭三区，湖区除湖泊河网外，长江四口（松滋河口、虎渡河口、藕池河口、华容河口）与洞庭四水三角洲连成广阔的冲积平原。汉江通称汉水，发源于陕西省秦岭南麓，于汉口龙王庙汇入长江，全长 1577 km，其中丹江口以上为上游，长约 925 km，河道两岸坡陡、河深、水急、多滩，丹江口至碾盘山为中游，长约 270 km，平均坡降约为 0.19‰，流经丘陵河谷盆地，河床不稳定、沙滩甚多，碾盘山以下为下游，长 382 km，平均坡降约为 0.09‰，流经江汉平原，两岸有堤防。鄱阳湖水系由赣、抚、信、饶、修五大河及博阳河、西河（又称漳河）组成，调蓄后经湖口汇入长江，流域面积为 162 225 km²，湖泊面积为 3210 km²，湖口年平均入江水量为1490 亿 m³，占长江年径流量的 15%。

长江干流自鄱阳湖口，经江西、安徽、江苏三省和上海市，至崇明岛以东注入东海为下游，全长约 938 km，流域面积为 12 万 km²，多年平均年径流量为 9150 亿 m³，其中湖口至徐六泾长 756 km，长江下游干流河段分汊较多，总体流势为自西向东，两岸阶地分布广泛，河谷不对称，河道呈现明显的宽窄相间特征，是我国水网最密集的地区之一。长江河口段自徐六泾至 50 号灯浮，长约 182 km，河口左岸寅阳咀至右岸南汇咀之间宽约 90 km，河口段平面形态呈喇叭状，有多级分汊，江水从北支、南支北港、南支南港北槽、南支南港南槽四汊入海。

长江水系主要支流的基本属性见表 1.1。

表 1.1　长江水系主要支流的基本属性

名称	河长（km）	流域面积（km²）	多年平均年径流量（亿 m³）	多年平均流量（m³/s）	天然落差（m）	平均坡降（‰）
雅砻江	1 571	128 440	580	1 810.0	3 870	2.46
横江	305	14 781	92.7	294.0	2 080	5.30
岷江	735	135 868	882.0	2 796.8	3 560	4.84
沱江	629	27 860	129.0	409.1	2 354	3.74
嘉陵江	1 120	159 812	704.0	2 232.4	2 300	2.05
乌江	1 030	87 920	495.0	1 569.6	2 124	2.06
赤水河	524	20 440	81.8	259.4	1 588	3.03
汉江	1 577	159 000	513.0	1 626.7	1 964	0.31

1.1.2　长江流域自然环境

长江流域范围辽阔，地势西高东低，由江源至河口形成三大阶梯。一级阶梯由青南川西高原和横断山高山峡谷区组成，一般海拔为 3500～5000 m，二级阶梯为云贵高原、秦巴山地、四川盆地和鄂黔山地，一般海拔为 500～2000 m，三级阶梯由淮阳山地、江南丘陵和长江中下游平原组成，一般海拔在 500 m 以下。一级阶梯和二级阶梯间的过渡地带由陇南和川滇的中山构成，一般海拔为 2000～3500 m，是流域内地质构造和地震活动的一条重要分界线，也是强烈地震、滑坡、崩塌、泥石流分布最多的地区。二级阶梯和三级阶梯间的过渡地带由南阳盆地、江汉—洞庭平原西缘的狭长岗丘和湘西低山丘陵组成，一般海拔为 200～500 m。

长江流域地层自太古界到第四系均有分布，沉积岩、岩浆岩、变质岩三大岩系均有分布，地跨五大地层区，即扬子准地台、三江褶皱系、松潘—甘孜褶皱系、秦岭褶皱系、华南褶皱系，其中扬子准地台是长江流域的主体。长江流域的西部地区以冻结层水和裂隙水为主；中部地区以岩溶水为主，四川盆地有较丰富的层间水；东部地区以松散岩类孔隙水为主，但在江南丘陵山地，裂隙水、层间水也占有较大比例。

长江流域东临太平洋，西部嵌入青藏高原，地域辽阔，地形复杂，上游地区和中下游地区各自拥有独特的地理环境，构成了不同类别的气候带和气候区，其气候特征和变化规律的地域差异十分显著。长江上游地区处于一级阶梯和二级阶梯，属高原气候区、北亚热带和中亚热带三大气候区，呈现冷热气候带毗邻、垂直气候带谱显著、多分散的闭合型局地气候、降水分布差别大、干湿气候分明等特征。长江中下游地区由丘陵向平原地带过渡，属北亚热带和中亚热带两大气候带，呈现冬冷夏热、四季分明、雨量丰沛、时空分布不均等特征。

长江流域径流量较丰沛，多年平均径流深为 526 mm，全流域有近 20 个大于 1000 mm 的径流丰水区，如岷江和沱江中上游、嘉陵江中上游、鄂西南、湘西北、湖口—大通区间等，有 6 个小于 500 mm 的径流少水区，如江源地区、乌江上游、四川盆地、汉江中上游等。长江流域降水较丰，多年平均年降水量约 1100 mm，降水量由东南向西北递减，年内分配不均，年际变化较大。长江各水系的汛期以洞庭湖、鄱阳湖两水系最早，为 4～7 月，乌江为 5～8 月，金沙江及北岸各支流、上游干流及中游汉江为 6～9 月。长江多年平均含沙量的分布，干流自上游通天河直门达站位为 0.782 kg/m^3，沿金沙江干流递减至石鼓，石鼓以下受多沙支流汇入的影响有所增加，但自屏山向下游沿程递减。

长江流域除西部高原外，流域中部、东部均处于亚热带季风气候区，受气候、植被的影响，土壤的纬度地带性分布规律非常明显，如长江以南的红壤、黄壤，长江以北的黄棕壤，以及流域北缘和四川盆地西北部边缘的棕壤。长江流域植物种类极为丰富，包括东部湿润常绿阔叶林区、西部半湿润常绿阔叶林区、亚热带山地寒温性针叶林区和青藏高原高寒草甸、高寒草原植被区，其中上游横断山区几乎包括了从寒温带针叶林到亚热带常绿阔叶林的所有植被类型，甚至出现热带植被，中下游地区以次生林为主。

长江流域拥有丰富的水资源和水能、矿产、动植物、渔业等多种资源。长江流域水资源总量为 9616 亿 m³，占全国水资源总量的 36%，其中地表水资源量为 9513 亿 m³，地下水资源量为 2463 亿 m³。长江流域拥有 110 余种矿产资源，占全国已探明矿种的 80%，长江流域储量占全国储量 50% 以上的矿产约有 30 种，其中钛、钒、汞、磷等矿产储量占全国储量的 80%～90%，但煤炭资源相对较少，其储量仅占全国储量的 7.7%，石油更少，其储量仅占全国储量的 2.4%。在全国七大流域中，长江流域的野生动植物最丰富，并有多种古老珍稀的孑遗植物和珍稀濒危的陆生、水生动物。长江流域鱼类产量占全国淡水鱼类总产量的 65% 左右，产区主要在长江中下游水域，以人工养殖为主，天然捕捞量不高。

长江从江源到入海口跨越三大阶梯，总落差 5400 余米，蕴藏丰富的水能，其水能理论蕴藏量达 30.5 万 MW，年发电量为 2.67 万亿 kW·h，约占全国总量的 40%，其中干流水能理论蕴藏量为 9167 万 kW，占全流域拥有量的 34.2%；技术可开发装机容量为 28.1 万 MW，年发电量为 1.30 万亿 kW·h，约占全国总量的 50%。长江流域技术可开发的水能资源中，大型水电站数量多、比重大，共有大型水电站 107 座（图 1.2），装机容量为 19.0 万 MW，年发电量为 0.86 万亿 kW·h，分别占全流域的 68% 和 66%；空间分布为西多东少、支流多于干流，上游装机容量为 24.4 万 MW，占全流域的 87%；干流和支流装机容量分别为 11.2 万 MW 和 16.9 万 MW，分别占全流域的 40% 和 60%。长江流域已建、在建水电站装机容量为 13.17 万 MW，占流域技术可开发装机容量的 47%，年发电量为 0.57 万亿 kW·h，占理论蕴藏量的 21%，其中大型水电站有 42 座，装机容量为 8.66 万 MW，年发电量为 0.37 万亿 kW·h。长江下游地区水能资源已基本开发，中游开发约 1/2，上游开发约 1/3。

图 1.2　长江流域大型水电站分布示意图

1.1.3　长江流域社会经济发展

长江流域横跨中国东部、中部、西部三大经济区，干流全长 6300 余千米，自西向东流经青海、西藏、四川、云南、重庆、湖北、湖南、江西、安徽、江苏、上海 11 个省（区、市），支流沟通南北，延展于甘肃、陕西、贵州、河南、广西、广东、浙江、福建 8 个省（区），地域辽阔、人口众多、资源丰富、经济基础雄厚、交通方便，在全国经济和社会发展中占有十分重要的地位。

长江流域是中国重要的农业生产基地，农作物种类非常丰富，全流域粮食产量约占全国的 40%。长江流域是全国树种资源最丰富的地区之一，但由于长期的滥伐，整个流域的森林覆盖率只有 20.3%，经济林品种和产量在全国均占优势。长江流域是全国工业最发达的地区之一，工业结构以冶金、纺织、机械、电力、石油化工、高新技术产业等为主，呈现门类齐全、轻重工业均较发达、区域发展水平差异较大但互补性强等特点。长江流域交通基础设施发展迅速，已经形成了水运、铁路、公路、航空立体综合运输体系，水运条件十分优越，通航河流达 3600 多条，通航总里程约 7.1 万 km，占全国内河通航里程的 56%。

1.2 长江鱼类调查简史

1.2.1 1980 年以前

关于长江流域的鱼类，中华人民共和国成立前只是在分类、形态方面有些零碎的记载，而关于生态和资源方面的调查研究则基本是在之后开始进行并逐步展开的。中国科学院水生生物研究所 1955～1956 年在长江中游梁子湖开展鱼类生态调查研究；1958 年在长江上游木洞、中游宜昌和下游崇明开展附近江段鱼类调查；1959 年在长江干流重庆至崇明段及其各大支流进行流动和季节性定点野外调查，对鄱阳湖进行渔业考察，开展了草鱼、青鱼、鲢、鳙天然产卵场的调查；1960 年参加长江流域规划办公室组织的家鱼产卵场调查大协作；1961～1964 年在长江中游江西湖口段开展经济鱼类的生物学和渔业调查工作。根据以上调查资料，湖北省水生生物研究所编著了《长江鱼类》（湖北省水生生物研究所鱼类研究室，1976），记录长江水系鱼类 274 种和亚种，系统梳理了长江流域的鱼类物种组成和生态习性。

在国家水产总局的组织下，中国水产研究院长江水产研究所协同四川、湖北、湖南、江西、安徽、江苏、上海六省一市的水产局、各科研院校于 1973～1975 年全面开展长江水产资源调查，以及刀鲚、鲥、鲟专题调查，形成了《四川省长江水产资源调查资料汇编》《湖北省长江水产资源调查报告》《江苏省长江水产资源调查报告汇编》《安徽长江主要经济鱼类资源调查报告汇编》等资料，在此基础上，以部分省、市渔业自然资源调查和区划材料为校核，以其他有关人员和单位发表的专题资料为补充，最终编著完成《长江水系渔业资源》（长江水系渔业资源调查协作组，1990），记录长江水系鱼类 370 种和亚种（含纯淡水鱼类 294 种、咸淡水鱼类 22 种、海淡水洄游性鱼类 9 种、海水鱼类 45 种），查明了长江水系的渔业资源变动情况及其影响因素。

除上述较为全面的长江鱼类调查成果外，沿江各省（市）还多次针对长江干支流开展区域性鱼类资源调查，形成多篇专题研究论文、调查报告、专著等，为梳理长江水系的鱼类资源奠定了基础。例如，1957～1965 年四川、陕西、甘肃三省有关院校在嘉陵江开展了多次鱼类资源调查，1976 年四川省农业局对嘉陵江组织了一次规模最大的鱼类资源调查，形成《嘉陵江水系鱼类资源调查报告》（四川省嘉陵江水系鱼类资源调查组，1980），记录嘉陵江水系鱼类 153 种和亚种。1957～1965 年，四川大学生物系对岷江鱼类区系开展调查，重庆长寿湖水产研究所对金沙江中华鲟产卵场开展调查，中国科学院水生生物研究所对长江重庆江段、岷江下游和嘉陵江开展鱼类资源调查。湖南省水产科学研究所于 1973～1976 年针对湖南省开展鱼类考察，形成了《湖南鱼类志》，记录湖南省鱼类 160 种和亚种。20 世纪 70 年代，广西壮族自治区水产研究所与中国科学院动物研究所合作，对广西内陆淡水鱼类资源（涉及珠江流域、长江流域、元江流域、华南沿海流域）开展了为期 3 年的野外调查，编著了《广西淡水鱼类志》，记录广西壮族自治区淡水鱼类 200 种和亚种。

1.2.2 1980～2000 年

20 世纪 80 年代以后，长江流域鱼类资源调查研究工作逐渐深入，至 20 世纪 90 年代主要是在收集整理前人调查研究结果的基础上结合实地考察汇编形成各地方鱼类志，20 世纪 90 年代至 21 世纪初，主要是有针对性地开展区域性鱼类资源深入调查研究。中国科学院昆明动物研究所全面梳理了 1958～1985 年对云南省鱼类的考察结果，编著了《云南鱼类志：上册》（褚新洛等，1989）和《云南鱼类志：下册》（褚新洛等，1990），记录云南省鱼类 220 种和亚种，涉及澜沧江、怒江、珠江、长江等流域。遵义医学院伍律教授于 1980～1983 年组织遵义医学院、贵州农学院、贵州师范大学等院校专业人员开展了贵州省 6 个地（州）、40 多个县的鱼类资源调查，编著了《贵州鱼类志》（伍律等，1989），记录贵州省鱼类 202 种和亚种，含长江水系和珠江水系鱼类。四川省自然资源研究所、四川农业大学、四川师范大学等单位于 1985～1991 年梳理前人的研究调查工作，系统整理了四川鱼类，编著了《四川鱼类志》（丁瑞华，1994），记录四川省鱼类 241 种和亚种，涉及金沙江、雅砻江、大渡河、岷江、沱江、嘉陵江、乌江、赤水河等长江水系。陕西省水产研究所与陕西师范大学生物系于 1978～1982 年对陕西省江河鱼类资源进行了较为全面的调查，编著了《陕西鱼类志》（陕西省水产研究所和陕西师范大学生物系，1992），记录陕西鱼类 140 种和亚种。陕西省动物研究所与中国科学院水生生物研究所、兰州大学生物系于 1984～1987 年协作完成陕、甘、川、鄂、豫 5 个省 85 个县秦岭地区 148 个采集点的鱼类资源调查，编著了《秦岭鱼类志》（陕西省动物研究所等，1987），记录鱼类 161 种和亚种。1981～1983 年杨干荣针对湖北省神农架、汉江上游支流、湖北省其他一些河流、湖泊和水库开展鱼类考察，结合前人的调查结果，编著了《湖北鱼类志》（杨干荣，1987），记录湖北省鱼类 175 种和亚种。中国水产科学研究院东海水产研究所和上海市水产研究所共同梳理了两单位 1959～1983 年针对上海各水域开展的多次专业鱼类调查资料，编著了《上海鱼类志》（中国水产科学研究院东海水产研究所和上海市水产研究所，1990），记录上海鱼类 250 种和亚种。

中国科学院西北高原生物研究所（简称西北高原所）系统梳理了自 20 世纪 60 年代初至 1990 年西北高原所、中国科学院昆明动物研究所、中国科学院水生生物研究所、中国科学院南京地理与湖泊研究所、陕西省动物研究所（西北濒危动物研究所）、暨南大学、四川省水产和资源等研究单位对青藏高原地区若干次规模不等的鱼类综合考察结果，全面整理青藏高原鱼类的分类系统，编著了《青藏高原鱼类》（武云飞和吴翠珍，1992），记录青藏高原地区鱼类 152 种和亚种，涉及长江、黄河、澜沧江、怒江等流域。中国科学院青藏高原综合科学考察队于 1982～1983 年对横断山区的鱼类进行了全面考察，形成了《横断山区鱼类》（陈宜瑜，1998a），记录横断山区鱼类 237 种和亚种，涉及长江上游、澜沧江、怒江、黄河等流域。鱼类学家朱松泉自 1963 年起重点对我国青藏高原鱼类区系中的重要成员条鳅亚科鱼类进行调查研究，编著了《中国条鳅志》（朱松泉，1989），记录条鳅亚科鱼类 91 种和亚种。西藏自治区水产局、陕西省动物研究所、中国科学院动物研究所于 1992～1994 年共同组成西藏鱼类资源考察小组，对西藏自治区进行了大面积鱼类资源考察，编著了《西藏鱼类及其资源》（西藏自治区水产局，1995），记录西藏鱼类 71 种和亚种。西南大学、四川师范大学生物系、四川农业大学畜牧兽医系、四川省自然资源开发利用研究所、四川省农业科学院水产研究所等单位于 1981～1984 年针对乌江下游、青衣江、大渡河、岷江、金沙江、沱江开展了深入细致的鱼类资源调查，形成系列渔业区划报告，随后四川省水产局组织有关专家编写了《四川江河渔业资源和区划》（施白南，1990），记录四川省江河鱼类 240 种和亚种。中国水产科学研究院太湖水产增殖科学实验基地、江苏省太湖渔业生产管理委员会于 1980～1981 年对太湖鱼类进行了调查，整合前人的调查结果，形成了《太湖水产资源调查材料汇编》（1980～1981 年）。江苏省太湖渔业生产管理委员会于 2002～2004 年对太湖水域开展了鱼类调查，结合前人的调查研究资料，编著了《太湖鱼类志》（倪勇和朱成德，2005），记录太湖鱼类 107 种和亚种。

1981 年葛洲坝工程截流蓄水后，为评价葛洲坝工程对长江鱼类资源的影响，组织了一次大规模调查。1987 年，农业部渔业局成立了"长江渔业资源管理委员会"，对长江的主要经济鱼类和渔业环境进行了监测与调查，并于 1989 年组建了"长江渔业资源动态监测网"，开始对长江珍稀水生野生动物与重点经济鱼类及环境进行常年跟踪监测，截至 1993 年底，已获取各种监测数据 4000 余条，并建立了河蟹、四大家鱼、中华鲟等鱼类信息数据库。1992～1995 年，由中国科学院水生生物研究所主持，四川省自然资源研究所和贵州省遵义医学院生物系参加的国家"八五"科技攻关项目子专题"长江上游鱼类自然保护区选址与建区方案"的研究，对赤水河的鱼类和水生生物进行了全面系统的调查研究。1995～1996 年，中国科学院水生生物研究所、长江水资源保护科学研究所、农业部渔业渔政管理局渔政处会同国务院三峡工程建设委员会办公室的同志，就长江上游特有鱼类保护方法进行了进一步调研，对建立长江上游特有鱼类自然保护区达成一致意见。1997 年，长江三峡工程生态与环境监测系统正式启动，在长江上游设立木洞、合江、宜宾等多个水生动物流动监测基层站，对长江上游特有鱼类生物学、栖息地、种群数量变化进行监测和研究，积累了大量基础资料。

20 世纪末至 21 世纪初，中国科学院动物研究所全面整理前人关于中国鱼类资源的调查研究结果，编著了《中国动物志》系列图书，涉及长江流域鱼类的图书包括《中国动物志 硬骨鱼纲 鲤形目（中卷）》（陈宜瑜等，1998b）、《中国动物志 硬骨鱼纲 鲤形目（下卷）》（乐佩琦等，2000）、《中国动物志 硬骨鱼纲 鲇形目》（褚新洛等，1999）、《中国动物志 硬骨鱼纲 鲟形目 海蛾鱼目 喉盘鱼目 鮟鱇目》（苏锦祥和李春生，2002）、《中国动物志 硬骨鱼纲 鲈形目（五）虾虎鱼亚目》（伍汉霖和钟俊生，2008）、《中国动物志 硬骨鱼纲 鲟形目 海鲢目 鲱形目 鼠鱚目》（张世义，2001）、《中国动物志 硬骨鱼纲 银汉鱼目 鳉形目 颌针鱼目 蛇鳚目 鳕形目》（李思忠和张春光，2011）、《中国动物志 硬骨鱼纲 鲉形目》（金鑫波，2006）、《中国动物志 硬骨鱼纲 鳗鲡目 背棘鱼目》（张春光等，2010）等，这些都是物种有效性确认的主要参考文献。长江流域鱼类资源调查类重要专著基本信息见表1.2。

表 1.2　长江流域鱼类资源调查类重要专著基本信息

序号	专著名称	出版年月	记录水系	记录鱼类种和亚种数（种）
1	长江鱼类	1976 年 3 月	长江	274
2	湖南鱼类志	1977 年 7 月	湖南省珠江、赣江、洞庭湖	160
3	嘉陵江水系鱼类资源调查报告	1980 年	嘉陵江	153
4	秦岭鱼类志	1987 年 6 月	秦岭地区黄河、汉江、嘉陵江	161
5	湖北鱼类志	1987 年 7 月	湖北省汉江、长江中游	175
6	贵州鱼类志	1989 年 1 月	贵州省珠江、乌江、赤水河	202
7	云南鱼类志：上册；云南鱼类志：下册	1989 年；1990 年	云南省澜沧江、怒江、珠江、金沙江	220
8	长江水系渔业资源	1990 年 1 月	长江	370
9	四川江河鱼类资源与利用保护	1991 年 4 月	四川省长江上游及其支流	211
10	上海鱼类志	1990 年 12 月	上海市长江、杭州湾	250
11	陕西鱼类志	1992 年 6 月	陕西省黄河、汉江、嘉陵江	140
12	青藏高原鱼类	1992 年 7 月	青藏高原地区长江源、金沙江、黄河、澜沧江、怒江、雅鲁藏布江、印度河、伊洛瓦底江、恒河	152
13	四川鱼类志	1994 年 1 月	四川省金沙江、川江、雅砻江、岷江、嘉陵江、沱江、乌江、大渡江、赤水河	241
14	西藏鱼类及其资源	1995 年 7 月	西藏地区雅鲁藏布江、金沙江、澜沧江、怒江	71
15	横断山区鱼类	1998 年 2 月	横断山区怒江、澜沧江、黄河、金沙江、雅砻江、岷江、大渡河、嘉陵江	237
16	太湖鱼类志	2005 年 5 月	太湖	107
17	江苏鱼类志	2006 年 11 月	江苏省长江下游、淮河、沂沭泗	476
18	长江口鱼类	2006 年 10 月	长江口	332

中国现代化的大坝建设以长江流域的三峡工程和二滩工程为代表，其中二滩工程于1999年完工投产，三峡工程于1997年实现大江截流、2003年开始蓄水、2009年竣工验收，除此之外，长江流域干支流各梯级水电工程也相继规划与建设，如金沙江中游一库8级开发、金沙江下游4级开发、雅砻江21级开发、大渡河16级开发、乌江11级开发、金沙江上游8级开发等，自此针对工程对长江流域鱼类资源影响的调查或专题研究工作逐渐深入开展。其中，较为全面的长江流域鱼类资源调查主要来自国务院三峡工程建设委员会办公室组建的长江三峡工程生态与环境监测系统自1997年正式启动的监测，主要开展以三峡库区为重点，延及长江中下游与河口相关地区的水生生态监测，涉及渔业资源与环境监测站、鱼类和珍稀水生动物监测站、水库经济鱼类监测站、河口生态环境监测站等多个重点站，根据监测结果编制各重点站的监测年报，在此基础上，汇编发布《长江三峡工程生态与环境监测公报》，积累了大量生态与环境基础数据与资料。同时，针对各水系水电工程建设前期，均开展了工程对水生生态影响评价的专题研究，开展了水生生态现场调查，形成各专题研究报告，如《金沙江溪洛渡水电站水生生态影响研究专题报告-2006年》《金沙江白鹤滩水电站水生生态影响研究专题报告-2008年》《金沙江龙开口水电站水生生态影响研究专题报告-2006年》《金沙江上游水电规划水生生态及水生生物多样性调查与评价专题报告-2008年》等；工程建设完成后，还开展了部分工程影响区河段的水生生态监测，如2006年开始针对金沙江下游一期工程（溪洛渡、向家坝）影响开展的长江上游珍稀特有鱼类保护区渔业资源与环境监测，形成监测报告。这些工程对水生生态影响的专题评价以及定期监测，为长江水系鱼类资源的调查和专题研究提供了有力的基础数据支撑。

1.3 长江渔业资源调查简史

长江是我国的第一大河，水系支流众多，流域广阔，鱼类资源极为丰富，盛产青鱼、草鱼、鲢、鳙、铜鱼、圆口铜鱼、长吻鮠、鲇、黄颡鱼、鲤、鲫、鳜、刀鲚、凤鲚、鳗鲡等许多名贵经济鱼类，一直是我国淡水渔业的重要产区，历史上天然捕捞产量占全国淡水捕捞产量的60.0%以上。天然捕捞渔业自中华人民共和国成立以后发展迅速，1949～1954年长江流域天然捕捞产量快速增加，1954年达高峰，年均捕捞产量约45万t，随后随着捕捞强度的不断增大，捕捞产量呈现下降趋势，1955～1959年捕捞产量维持在35万t左右，1960～1964年在26万t左右，而后持续下降，20世纪80年代捕捞产量年均在20万t左右，21世纪初年均捕捞产量约为10万t，截至长江10年禁捕前，长江干流年均捕捞产量已不足10万t。

长江流域是四大家鱼、鳗鲡等许多重要经济鱼类的原种基地，也是我国淡水苗种的重要生产基地，中华人民共和国成立后相当长一段时期，淡水养殖渔业苗种大部分来自长江。1986～1994年，长江天然鱼苗捕捞量达8 894 901万尾，占全国天然鱼苗捕捞量的63%。四大家鱼鱼苗、鳗鲡鱼苗、中华绒螯蟹蟹苗历史年产量分别高达300亿尾、2亿尾和100

亿尾。湖北省是四大家鱼鱼苗主产区，在 20 世纪 50 年代年均产苗 40 亿尾，60 年代年均产苗 83.8 亿尾，70 年代年均产苗 29.6 亿尾，80 年代年均产苗 20.7 亿尾，90 年代年均产苗 6.6 亿尾，呈现明显下降趋势。上海市长江口是鳗鲡鱼苗和中华绒螯蟹蟹苗主产区，鳗鲡 20 世纪 80 年代年均产苗 834.4 kg，90 年代年均产苗 2992.3 kg，2002 年产苗 1724 kg；中华绒螯蟹 20 世纪 80 年代年均产苗 11 773.8 kg，90 年代年均产苗 2305.9 kg，2002 年产苗不足 100 kg，均呈现下降趋势。主要经济种类鲥的资源和产量自 20 世纪 70 年代开始明显下降，到 80 年代初已下降到极低的水平，几乎无鱼汛可言。近年来，为尽快恢复长江渔业资源，相关政府部门持续采取渔业保护措施，如开展增殖放流、实施生态调度等，促进了长江渔业资源恢复，四大家鱼年均产卵量也有所增加。长江渔业资源变动情况见图 1.3。

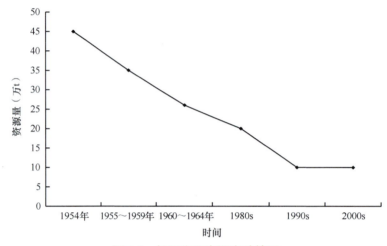

图 1.3　长江渔业资源变动情况

1.4　长江渔业资源与环境专项调查

自中华人民共和国成立以来，对长江流域比较系统的流域性的调查仅有 20 世纪 70 年代的 1 次，是由国家水产总局于 1972 年在全国农林科技重大研究项目中提出，指定中国水产科学研究院长江水产研究所为联系单位，四川、湖北、湖南、江西、安徽、江苏、上海六省一市共同协作完成，在各省（市）水产主管部门的共同努力下，组成专业调查队 37 个，调动专业人员 200 余人，历时 2～3 年，先后完成了长江流域各省（市）的水产资源调查和刀鲚、鲥、鲟等几项专题调查报告。自此之后，虽然有众多区域性调查和工程对水生生态影响的评价专题研究，但均不系统全面。因此，历经 40 余年，在新时代中国特色社会主义生态文明建设的时代背景下，以人与自然和谐共生发展为目标，由中国水产科学研究院牵头、中国水产科学研究院长江水产研究所危起伟首席科学家主持的项目"长江渔业资源与环境调查（2017—2021）"于 2017 年立项启动，这是中华人民共和国成立以来的第二次针对长江流域的渔业资源与环境全面调查。

该调查专项由中国水产科学研究院长江水产研究所牵头，中国水产科学研究院所属的淡水渔业研究中心、东海水产研究所、资源与环境研究中心、渔业机械仪器研究所，以及中国科学院水生生物研究所、水利部中国科学院水工程生态研究所、西南大学、华中农业大学、内江师范学院、青海省渔业环境监测站、云南省渔业科学研究院、贵州省水产研究所、重庆市水产科学研究所、四川省农业科学院水产研究所、湖北省水产科学研究所、湖南省水产研究所、陕西省水产研究所、江西省水产科学研究所、中南林业调查规划设计院等沿江各省级水产研究所及其他有关单位参加，采取分工协作的方式承担调查任务。

该专项调查范围包括从长江源（楚玛尔河和沱沱河）至长江口（上海）6300 余千米的长江干流，大型一级支流雅砻江、岷江（含大渡河）、横江、赤水河、沱江、嘉陵江、乌江、汉江，以及洞庭湖、鄱阳湖等通江湖泊。该专项调查根据河流中生境尺度的形态特征、支流汇入情况和交通便利性等因素设置站位，每个站位辐射范围为 10 km 河段。其中，长江干流站位的设置综合考虑支流交汇、自然江段和水库、已有调查站位等因素；大型一级支流按照上游、中游、下游典型站位来设置，河流形态和支流汇入变化大的时候再增加站位；通江湖泊按照进水区、出水区、浅水区、湖心区、岸边区设置站位，并在主要入湖河流的中下游各增加 1 个站位。共设置 65 个长江鱼类资源与环境调查站位，其中长江干流设置 32 个站位：长江源头 1 个站位（沱沱河）；金沙江 3 个站位（奔子栏、攀枝花、巧家）；长江上游干流 5 个站位（宜宾、泸州、合江、江津、巴南）；三峡库区 4 个站位（木洞、涪陵、万州、巫山）；长江中游干流 5 个站位（宜昌、石首、洪湖、武汉、湖口）；长江下游干流 7 个站位（长风、铜陵、芜湖、当涂、南京、靖江、常熟）；长江口 7 个站位（南支、北支、南槽、北槽、崇西、东滩、南汇）。大型一级支流设置 18 个站位：雅砻江 2 个站位（雅江、金河）；岷江（含大渡河）3 个站位（松潘、双江口、乐山）；横江 1 个站位（普洱渡）；赤水河 3 个站位（镇雄县、茅台镇、赤水市）；沱江 2 个站位（资阳、内江）；嘉陵江 3 个站位（广元、南充、合川）；乌江 1 个站位（思南）；汉江 3 个站位（汉中、钟祥、老河口）。通江湖泊设置 15 个站位：洞庭湖 7 个站位（汉寿、沅江、岳阳、湘江入湖口、资江入湖口、沅江入湖口、澧水入湖口）；鄱阳湖 8 个站位（湖口、都昌县、鄱阳湖区、赣江入湖口、抚河入湖口、信江入湖口、饶河入湖口、修河入湖口）（图 1.4）。

该专项调查分为重点调查和常规调查两种方式，其中 2017 年为重点调查年，2018～2021 年为常规调查年。在重点调查年，以《内陆水域渔业自然资源调查手册》《淡水生物资源调查技术规范》《生物多样性观测技术导则 内陆水域鱼类》《水库渔业资源调查规范》等规范和导则方法等为基础，以 20 km×20 km 的网格为采样单元进行全流域覆盖，包括重要支流（图 1.5），长江各水域在此原则上，根据实际情况进行适当调整。在常规调查年，则以各水域的调查站位为基础，按渔获物调查方式对鱼类种类组成进行补充式调查。长江各水域鱼类种类组成的调查站位和网格数如表 1.3 所示。

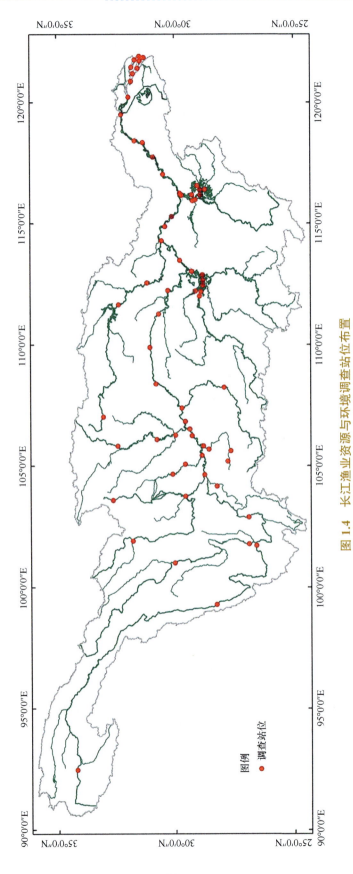

图 1.4　长江渔业资源与环境调查站位布置

图例
● 调查站位

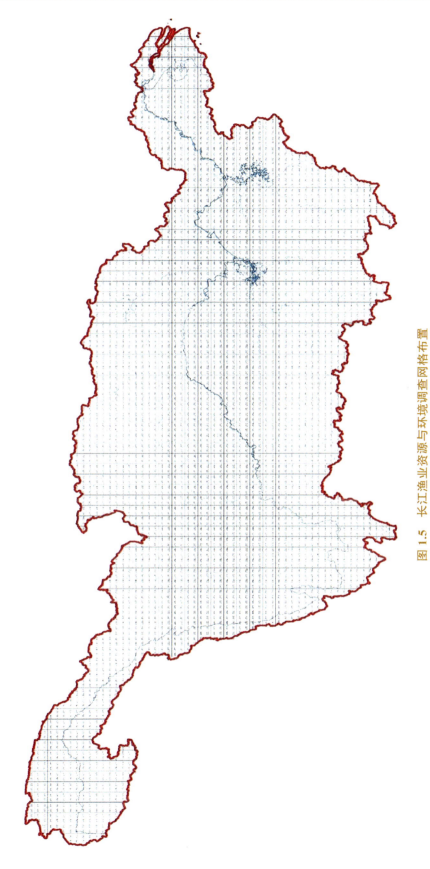

图 1.5　长江渔业资源与环境调查网格布置

表 1.3　长江各水域鱼类种类组成的调查站位和网格数

水域编号	水域名称	调查站位	调查理论网格数	实际调查网格数
01	沱沱河	001 沱沱河	50	10
02	金沙江	002 奔子栏	97	66
		003 攀枝花		
		004 巧家		
03	雅砻江	005 雅江	73	27
		006 金河		
04	横江	007 普洱渡	13	12
05	长江上游干流	008 宜宾	17	17
		009 泸州		
		010 合江		
		011 江津		
		012 巴南		
06	岷江（含大渡河）	013 松潘	75	42
		014 双江口		
		015 乐山		
07	赤水河	016 镇雄县	17	15
		017 茅台镇		
		018 赤水市		
08	沱江	019 资阳	23	16
		020 内江		
09	三峡库区干流	021 木洞	35	32
		022 涪陵		
		023 万州		
		024 巫山		
10	嘉陵江	025 广元	76	29
		026 南充		
		027 合川		
11	乌江	028 思南	53	15
12	长江中游干流	029 宜昌	47	43
		030 石首		
		031 洪湖		
		032 武汉		
		033 湖口		
13	汉江	034 汉中	79	14
		035 钟祥		
		036 老河口		

续表

水域编号	水域名称	调查站位	调查理论网格数	实际调查网格数
14	洞庭湖	037 汉寿	30	20
		038 沅江		
		039 岳阳		
		040 湘江入湖口		
		041 资江入湖口		
		042 沅江入湖口		
		043 澧水入湖口		
15	鄱阳湖	044 湖口	28	22
		045 都昌县		
		046 鄱阳湖区		
		047 赣江入湖口		
		048 抚河入湖口		
		049 信江入湖口		
		050 饶河入湖口		
		051 修河入湖口		
16	长江下游干流	052 长凤	33	23
		053 铜陵		
		054 芜湖		
		055 当涂		
		056 南京		
		057 靖江		
		058 常熟		
17	长江口	059 南支	30	16
		060 北支		
		061 南槽		
		062 北槽		
		063 崇西		
		064 东滩		
		065 南汇		

调查时间涉及全年不同月份。调查以主动采集为主（使用不同渔具类型），以渔民购买方式为辅，以便更加全面地获得鱼类样本。采集样本后，根据《四川鱼类志》（丁瑞华，1994）、《中国动物志 硬骨鱼纲 鲤形目（上卷）》（曹文宣等，2024）、《中国动物志 硬骨鱼纲 鲇形目》（褚新洛等，1999）、《中国动物志 硬骨鱼纲 鲈形目（五）虾虎鱼亚目》（伍汉霖和钟俊生，2008）、《青藏高原鱼类》（武云飞和吴翠珍，1992）、《云南鱼类志：上册》（褚新洛等，1989）、《云南鱼类志：下册》（褚新洛等，1990）、《中国条

鳅志》（朱松泉，1989）、《湖北鱼类志》（杨干荣，1987）、《陕西鱼类志》（陕西省水产研究所和陕西师范大学生物系，1992）、《江苏鱼类志》（倪勇和伍汉霖，2006）、《东海鱼类志》（朱元鼎等，1963）、《上海鱼类志》（中国水产科学研究院东海水产研究所和上海市水产研究所，1990）、《长江口鱼类》（庄平等，2006）等专业书籍进行分类鉴定，同时对其全长、体长、体重等基础生物学特征进行测量，采用甲醛和无水乙醇固定全鱼标本。

02

第 2 章 ｜ 长江鱼类物种多样性

2.1 长江鱼类种类组成

2.1.1 长江鱼类名录

2.1.1.1 相关概念说明

本书中涉及的长江水系范围包括长江源沱沱河至长江口 6300 余千米的长江干流，大型一级支流雅砻江、横江、岷江（含大渡河）、沱江、嘉陵江、赤水河、乌江、汉江，以及洞庭湖、鄱阳湖等通江湖泊。本书中的长江鱼类是指终生生活在长江淡水环境中或生活史的某一阶段需在长江淡水环境中完成的种类，包括淡水鱼类、洄游性鱼类、主要河口定居鱼类，不包括海洋鱼类。

本书所采用的分类系统是按 Nelson（2016）*Fishes of the World* 的分类系统编写，一些拉丁名或同物异名情况主要参考世界鱼类数据库（FishBase）和《中国动物志》确定。

1. 部分物种的目科归属情况说明

（1）青鳉 *Oryzias latipes*（Temminck *et* Schlegel）和中华青鳉 *Oryzias sinensis* Chen, Uwa *et* Chu 归入颌针鱼目 Beloniformes 异鳉科 Adrianichthyidae 青鳉亚科 Oryziinae，而不再属于鳉形目。

（2）刺鳅科 Mastacembelidae 归入合鳃鱼目 Synbranchiformes，而非鲈形目。

（3）塘鳢科 Eleotridae 归入虾虎鱼目 Gobiiformes，而非鲈形目。

（4）斗鱼不再单独成科，而是归入攀鲈目 Anabantiformes 丝足鲈科 Osphronemidae 斗鱼亚科 Belontiinae。

（5）罗非鱼不再属于鲈形目，而是归入慈鲷目 Cichliformes。

（6）中国花鲈 *Lateolabrax maculatus* 不再属于鲈形目鮨科 Serranidae，而是归入鲈形目多锯鲈科 Polyprionidae。

（7）鮨科 Callionymidae 不再属于鲈形目，而是属于鮨目 Callionymiformes，由鮨亚目升级而成。

（8）马鲅科 Polynemidae 的分类地位仍存在争议，Nelson（2016）未明确，但 Nelson（2006）将其归入鲈形目，本书仍将其归入鲈形目。

2. 同物异名详情说明

（1）根据 FishBase，寡鳞飘鱼 *Pseudolaubuca engraulis*（Nichols）与开封半䱗 *Hemiculterella kaifenensis* 是同物异名，且寡鳞飘鱼 *Pseudolaubuca engraulis*（Nichols）为有效记录，故合并两个物种为同一种。

（2）根据 FishBase，方氏鲴 *Xenocypris fangi* Tchang 与四川鲴 *Xenocypris sechuanensis* Tchang 是同物异名，且方氏鲴 *Xenocypris fangi* Tchang 为有效记录，故合并两个物种为同

一种。

（3）根据 FishBase，银鮈 *Squalidus argentatus*（Sauvage *et* Dabry de Thiersant）与银色颌须鮈 *Gnathopogon argentatus*（Sauvage *et* Dabry de Thiersant）是同物异名，且银鮈 *Squalidus argentatus*（Sauvage *et* Dabry de Thiersant）为有效记录，故合并两个物种为同一种。

（4）根据 FishBase，台湾光唇鱼 *Acrossocheilus paradoxus*（Günther）与厚唇光唇鱼 *Acrossocheilus labiatus*（Regan）是同物异名，且台湾光唇鱼 *Acrossocheilus paradoxus*（Günther）为有效记录，故合并两个物种为同一种。

（5）根据 FishBase，多鳞白甲鱼 *Onychostoma macrolepis*（Bleeker）与多鳞铲颌鱼 *Scaphesthes macrolepis*（Bleeker）是同物异名，且多鳞白甲鱼 *Onychostoma macrolepis*（Bleeker）为有效记录，故合并两个物种为同一种。

（6）根据 FishBase，墨头鱼 *Garra imberba* Garman 与缺须墨头鱼 *Garra pingi pingi*（Tchang）是同物异名，且 *Garra imberba* Garman 为有效记录，故合并两个物种为同一种。

（7）根据《中国动物志 硬骨鱼纲 鲈形目（五） 虾虎鱼亚目》，将鰕鯱鱼中文名称统一修改为虾虎鱼。

（8）根据 FishBase，将鲈鲤的拉丁名由 *Percocypris pingi pingi*（Tchang）更改为 *Percocypris pingi*（Tchang），将鲤的拉丁名由 *Cyprinus*（*Cyprinus*）*carpio* Linnaeus 更改为 *Cyprinus carpio* Linnaeus，将杞麓鲤的拉丁名由 *Cyprinus carpio chilia* Wu, Yang *et* Huang 更改为 *Cyprinus chilia* Wu, Yang *et* Huang，将瓣结鱼的拉丁名由 *Tor*（*Folifer*）*brevifilis brevifilis* 更改为 *Folifer brevifilis*（Peters），将前颌间银鱼的拉丁名由 *Hemisalanx prognathus* Regan 更改为 *Salanx prognathus*（Regan）；将贵州爬岩鳅的拉丁名由 *Beaufortia kweichowensis kweichowensis*（Fang）修改为 *Beaufortia kweichowensis* Fang。

（9）根据 FishBase，将 *Protosalanx chinensis*（Basilewsky）定名为中国大银鱼，将 *Protosalanx hyalocranius*（Abbott）定名为大银鱼。

（10）根据 FishBase，将所有高原鳅拉丁名中的亚属名去掉。

（11）根据《中国动物志 硬骨鱼纲 鲤形目（下卷）》（乐佩琦等，2000），将刺鲃中文名改为光倒刺鲃。

（12）根据 FishBase 和《中国内陆鱼类物种与分布》（张春光和赵亚辉，2016），北方泥鳅 *Misgurnus bipartitus*（Sauvage *et* Dabry de Thiersant）与 *Misgurnus mohoity*（Dybowski）是同物异名，而后者为有效记录，故更改北方泥鳅的拉丁名为 *Misgurnus mohoity*（Dybowski）。

（13）根据《中国动物志 硬骨鱼纲 鲈形目（五） 虾虎鱼亚目》，将四川吻虾虎鱼 *Rhinogobius szechuanensis*（Tchang）与成都吻虾虎鱼 *Rhinogobius chengtuensis*（Chang）合并为一个种，确定为四川吻虾虎鱼 *Rhinogobius szechuanensis*（Tchang），成都吻虾虎鱼原始分布记录为雅砻江、长江上游干流、岷江（含大渡河）、三峡库区干流，将其增加到四川吻虾虎鱼的分布中。

（14）根据 FishBase，普栉鰕虎鱼 *Ctenogobius giurinus*（Rutter）与子陵吻虾虎鱼 *Rhinogobius giurinus*（Rutter）是同物异名，且有效种为子陵吻虾虎鱼 *Rhinogobius giurinus*（Rutter）。

（15）根据 FishBase，白边鮠 *Leiocassis albomarginatus* Rendahl 与白边拟鲿 *Pseudobagrus albomarginatus*（Rendahl）是同物异名，且白边拟鲿是有效种。

2.1.1.2　长江鱼类

长江水系分布有 448 种鱼类（附录 1），隶属 20 目 40 科 168 属，包括淡水鱼类 375 种、洄游性鱼类 8 种、主要河口定居鱼类 38 种、外来鱼类 27 种。其中，鲤形目鱼类最多，有 304 种，占 67.9%；其次为鲇形目，有 47 种，占 10.5%；虾虎鱼目有 29 种，占 6.5%；鲈形目有 11 种，占 2.5%；胡瓜鱼目有 10 种，占 2.2%；鲀形目有 7 种，占 1.6%；鲽形目有 6 种，占 1.3%；鲟形目和鲱形目各有 5 种，分别占 1.1%；合鳃鱼目和攀鲈目各有 4 种，分别占 0.9%；鲻形目、慈鲷目和颌针鱼目各有 3 种，分别占 0.7%；鲑形目有 2 种，占 0.4%；鳗鲡目、脂鲤目、鳉形目、鳕目和鲉形目各有 1 种，分别占 0.2%。

从科级水平来看，鲤科鱼类最多，有 218 种，占 48.7%；其次为鳅科，有 66 种，占 14.7%；虾虎鱼科有 24 种，占 5.4%；鲿科有 21 种，占 4.7%；平鳍鳅科有 19 种，占 4.2%；鮡科有 11 种，占 2.5%；银鱼科有 9 种，占 2.0%；鲀科和鮨科各有 7 种，分别占 1.6%；舌鳎科、钝头鮠科各有 6 种，分别占 1.3%；塘鳢科有 5 种，占 1.1%；鲟科有 4 种，占 0.9%；鳀科、鲇科、鲻科、胡子鲇科、刺鳅科、慈鲷科各有 3 种，占 0.7%；鲱科、鲱科、鳢科、鮰科、丝足鲈科、异鳕科各有 2 种，分别占 0.4%；其余 15 科均各有 1 种，分别占 0.2%（表 2.1）。

表 2.1　长江鱼类的种类组成

目	科	属数	种数
鲟形目 Acipenseriformes	匙吻鲟科 Polyodontidae	1	1
	鲟科 Acipenseridae	1	4
鳗鲡目 Anguilliformes	鳗鲡科 Anguillidae	1	1
鲱形目 Clupeiformes	鳀科 Engraulidae	1	3
	鲱科 Clupeidae	2	2
鲤形目 Cypriniformes	鲤科 Cyprinidae	79	218
	亚口鱼科 Catostomidae	1	1
	鳅科 Cobitidae	13	66
	平鳍鳅科 Homalopteridae	9	19
脂鲤目 Characiformes	脂鲤科 Characidae	1	1
鲇形目 Siluriformes	骨甲鲇科 Loricariidae	1	1
	鲇科 Siluridae	1	3
	鲿科 Bagridae	4	21
	钝头鮠科 Amblycipitidae	1	6
	鮡科 Sisoridae	3	11
鲇形目 Siluriformes	胡子鲇科 Clariidae	1	3
	鮰科 Ictaluridae	2	2

目	科	属数	种数
鲑形目 Salmoniformes	鲑科 Salmonidae	2	2
胡瓜鱼目 Osmeriformes	香鱼科 Plecoglossidae	1	1
	银鱼科 Salangidae	4	9
虾虎鱼目 Gobiiformes	塘鳢科 Eleotridae	4	5
	虾虎鱼科 Gobiidae	15	24
鲻形目 Mugiliformes	鲻科 Mugilidae	2	3
慈鲷目 Cichliformes	慈鲷科 Cichlidae	1	3
颌针鱼目 Beloniformes	异鳉科 Adrianichthyidae	1	2
	鱵科 Hemiramphidae	1	1
鳉形目 Cyprinodontiformes	胎鳉科 Poeciliidae	1	1
合鳃鱼目 Synbranchiformes	合鳃鱼科 Synbranchidae	1	1
	刺鳅科 Mastacembelidae	1	3
攀鲈目 Anabantiformes	丝足鲈科 Osphronemidae	1	2
	鳢科 Channidae	1	2
鲽形目 Pleuronectiformes	舌鳎科 Soleidae	1	6
𩾃目 Callionymiformes	𩾃科 Callionymidae	1	1
鲈形目 Perciformes	多锯鲈科 Polyprionidae	1	1
	太阳鱼科 Centrarchidae	1	1
	鮨科 Serranidae	2	7
	鲈科 Percidae	1	1
	马鲅科 Polynemidae	1	1
鲉形目 Scorpaeniformes	杜父鱼科 Cottidae	1	1
鲀形目 Tetraodontiformes	鲀科 Tetraodontidae	1	7

2.1.2 特有种、濒危种、外来种

2.1.2.1 特有种

特有种是指那些分布范围狭窄，仅分布于某一局部地区（如长江）的物种。长江水系分布的448种鱼类中，长江特有种有186种，隶属5目10科，占长江水系分布鱼类总种数的41.5%。长江特有鱼类中，鲤形目鱼类最多，有162种，占长江特有鱼类总种数的87.1%；其次为鲇形目，有20种，占10.8%；虾虎鱼目有2种，占1.1%；鲟形目和鲑形目各有1种，分别占0.5%。

长江特有鱼类在各水域的分布是不均匀的，有的种在几条河流都有分布，如长江鲟 *Acipenser dabryanus*、张氏䰵 *Hemiculter tchangi*、圆口铜鱼 *Coreius guichenoti*、长鳍吻鮈 *Rhinogobio ventralis*、长薄鳅 *Leptobotia elongata*、白缘䱀 *Liobagrus marginatus* 等89种；有的种如小鲤 *Cyprinus*（*Mesocyprinus*）*micristius micristius*、原鲮 *Protolabeo protolabeo*

等97种仅见于某一条或两条河流；而有些湖泊特有种如程海白鱼 *Anabarilius liui chenghaiensis*、程海鲌 *Culter mongolicus elongatus*、滇池金线鲃 *Sinocyclocheilus grahami* 等则往往只存在于一个湖泊内。从水系来看，特有种数目较多的水系是金沙江、长江上游干流（川江段），分别有104种和99种，岷江（含大渡河）有78种，长江中游干流、三峡库区干流、雅砻江、赤水河、嘉陵江、沱江等水系分别有68种、64种、63种、62种、61种、54种，乌江、汉江、横江、洞庭湖、鄱阳湖、长江下游干流、长江口、沱沱河等水系分别有44种、30种、23种、24种、22种、21种、7种、3种。

2.1.2.2 濒危种

世界自然保护联盟（International Union for Conservation of Nature，IUCN）濒危物种红色名录（Red List of Threatened Species）（或称IUCN红色名录）于1963年开始编制，是根据严格准则去评估数以千计物种及亚种的绝种风险所编制而成，其所制定和推广的濒危物种红色名录等级和标准，是目前世界上使用最广的物种濒危等级评估体系。根据IUCN红色名录等级划分原则，将物种等级分为灭绝（extinct，EX）、野外灭绝（extinct in the wild，EW）、区域灭绝（regional extinct，RE）、极危（critically endangered，CR）、濒危（endangered，EN）、易危（vulnerable，VU）、近危（near threatened，NT）、无危（least concern，LC）、数据缺乏（data deficient，DD），其中极危、濒危和易危3个等级的物种称为受威胁物种，而近危和数据缺乏等级的物种也需重点关注和保护。

根据IUCN（2018）红色名录，长江水系448种鱼类中未参加评估的鱼类种数为303种，参加评估的鱼类种数为145种，仅占总种数的32.4%。这145种参加评估的鱼类中，处于LC等级的鱼类有76种，占长江水系分布鱼类总种数的17.0%；处于CR、EN、VU等级的受威胁鱼类有24种，占长江水系分布鱼类总种数的5.4%；处于NT和DD等级的鱼类有45种，占长江水系分布鱼类总种数的10.0%（表2.2）。

表2.2 参加濒危程度评估的长江鱼类种数（种）

濒危等级	长江鱼类种数	
	IUCN（2018）红色名录	《中国生物多样性红色名录——脊椎动物卷》
极危（CR）	10	23
濒危（EN）	9	37
易危（VU）	5	32
近危（NT）	10	20
数据缺乏（DD）	35	81
无危（LC）	76	163
合计	145	356

为全面评估中国野生脊椎动物濒危状况，环境保护部联合中国科学院引入IUCN濒

危物种红皮书标准开展物种濒危状况评估工作，于 2015 年编制了《中国生物多样性红色名录——脊椎动物卷》。根据《中国生物多样性红色名录——脊椎动物卷》，长江水系 448 种鱼类中未参加评估的鱼类种数为 93 种，参加评估的鱼类种数为 355 种，占总种数的 79.2%。这 355 种参加评估的鱼类中，处于 LC 等级的鱼类有 163 种，占长江水系分布鱼类总种数的 36.4%；处于 CR、EN、VU 等级的受威胁鱼类有 92 种，占长江水系分布鱼类总种数的 20.5%；处于 NT 和 DD 等级的鱼类有 101 种，占长江水系分布鱼类总种数的 22.5%（表 2.2）。

鉴于 IUCN（2018）红色名录和《中国生物多样性红色名录——脊椎动物卷》对长江鱼类的评估物种数相差甚大，本书后续将以《中国生物多样性红色名录——脊椎动物卷》为依据，对长江鱼类的受威胁状态进行梳理分析。

2.1.2.3 外来种

外来种是指那些出现在其过去或现在的自然分布范围及扩散潜力以外（即在没有直接、间接引入或人类照顾之下而不能分布）的物种、亚种或以下的分类单元。外来种是在自然和半自然的生态系统和生境中建立的种群，当其改变和危害本地生物多样性时，就是一个外来入侵物种，其造成的危害就是外来生物入侵。外来物种侵入适宜生长的新区域后，其种群会迅速繁殖，并逐渐成为当地新的"优势种"，严重破坏当地的生态安全。长江水系尤其是长江上游段具有丰富的鱼类资源和特有鱼类资源，外来物种如若适应当地环境条件后形成稳定种群，将会对长江水系尤其是长江上游段的特有鱼类资源造成严重影响，外来物种入侵问题应引起重视。

长江水系 448 种鱼类中有 27 种外来种，包括史氏鲟 *Acipenser schrenckii*、杂交鲟、丁鱥 *Tinca tinca*、大鳞鲃 *Luciobarbus capito*、花鲈鲤 *Percocypris regani*、广西鱊 *Acheilognathus meridianus*、鲮 *Cirrhinus molitorella*、麦瑞加拉鲮 *Cirrhinus mrigala*、露斯塔野鲮 *Labeo rohita*、散鳞镜鲤 *Cyprinus carpio specularis*、三角鲤 *Cyprinus multitaeniata*、锦鲤 *Cyprinus carpio haematopterus*、须鲫 *Carassioides acuminatus*、北方花鳅 *Cobitis granoei Rendahl*、北方泥鳅 *Misgurnus mohoity*、短盖巨脂鲤 *Piaractus brachypomus*、下口鲇 *Hypostomus plecostomus*、蟾胡子鲇 *Clarias batrachus*、革胡子鲇 *Clarias gariepinus*、斑点叉尾鮰 *Ictalurus punctatus*、云斑鮰 *Ameiurus nebulosus*、尼罗罗非鱼 *Oreochromis niloticus*、奥利亚罗非鱼 *Oreochromis aureus*、莫桑比克罗非鱼 *Oreochromis mossambicus*、食蚊鱼 *Gambusia affinis*、大口黑鲈 *Micropterus salmoides*、梭鲈 *Sander lucioperca*，隶属 7 目 11 科，占长江水系分布鱼类总种数的 6.03%，主要为养殖种，其原产地为黑龙江、乌苏里江、松花江、新疆额尔齐斯河、西江、珠江、闽江、元江及澜沧江等水系。其中，鲤形目鱼类种数最多，有 14 种，占 51.8%；其次是鲇形目，有 5 种，占 18.5%；慈鲷目有 3 种，占 11.1%；鲟形目和鲈形目各有 2 种，分别占 7.4%；脂鲤目有 1 种，占 3.7%。从科级水平来看，鲤科鱼类有 11 种，占 40.7%；慈鲷科有 3 种，占 11.1%；鲟科、鳅科、胡子鲇科、鮰科各有 2 种，占 7.4%；胎鳉科、太阳鱼科、鲈科、骨甲鲇科、脂鲤科各有 1 种，占 3.7%。

2.2 长江鱼类物种的多样性

2.2.1 多样性概述

生物多样性是生物及其与环境形成的生态复合体以及与此相关的各种生态过程的总和，包括遗传多样性、物种多样性、生态系统多样性和景观多样性等多个层次或水平。生物多样性是人类赖以生存的条件，也是经济社会可持续发展的基础，具有很高的生态环境价值，能够涵养水源、调节气候、净化空气、维持生态平衡等。

中国是世界上生物多样性最为丰富的 12 个国家之一，也是北半球生物多样性最丰富的国家，但同时也是生物多样性受到严重威胁的国家之一。长江孕育着丰富的生物资源，是我国鱼类资源的宝库，呈现生物多样性程度极高、存在各种生物关键类群、种质资源丰富、具有国际意义的生物多样性地区多（如青藏高原区域、两湖平原湿地区域、三峡区域等）等特点。

生物多样性一般可分为 α 多样性（群落内生物多样性）、β 多样性（群落间生物多样性）和 γ 多样性（地理区域生物多样性）。其中，α 多样性是用于测量群落内生物种类数量以及生物种类间的相对多度，反映群落内物种间通过竞争资源或利用同种生境而产生的共存结果。α 多样性又可分为物种丰富度指数（species richness index）、物种均匀度指数（species evenness index）、物种相对多度分布（species abundance distribution）等。因为目前没有一个单独的统计指数能够恰当地描述群落中的物种多样性，有人建议同时采用多个多样性指数以达到较为全面地描述生物多样性的目的。

1. α 多样性

常用的 α 多样性指数测度方法如下。

（1）物种丰富度指数（d）：是对一个群落中所有实际物种数目的测量。$d = S/N$，式中，S 为物种个体数，N 为所有物种个体数之和。物种丰富度的不足之处是没有考虑物种在群落中分布的均匀性，且常常是少数种占优势的现实。

（2）香农－维纳（Shannon-Wiener）多样性指数（H'）：来源于信息理论，群落中生物种类增多代表了群落的复杂程度增高，即 H' 值越大，群落所含的信息量越大。$H' = -\sum [(n_i/N) \ln (n_i/N)]$，式中，$n_i$ 为第 i 个种的个体数，N 为群落中所有种的个体数。香农－维纳指数既考虑了群落内物种数目，也考虑了每个种的相对多度。

（3）辛普森（Simpson）多样性指数（D）：$D = 1 - \sum (n_i/N)^2$，式中，n_i 为第 i 个种的个体数，N 为群落中所有种的个体数。辛普森多样性指数也既考虑了群落内物种数目，也考虑了每个种的相对多度。

2. β 多样性

β 多样性是用来表示生物种类对环境异质性的反应，不仅描述生境内生物种类的数量，同时还考虑这些种类的相同性及其彼此间的位置，通常被表示为群落间相似性指数或是同一地理区域内不同生境中生物物种的周转率，常见指数如下。

（1）惠特克（Whittaker）指数（βw）（Whittaker, 1960）：βw = $S/(m_a-1)$，式中，S 为研究群落中的物种总数，m_a 为各样方或样本的平均物种数。

（2）Cody 指数（βc）（Cody, 1975）：βc = $[g(H) + I(H)]/2$，式中，$g(H)$ 为沿生境梯度 H 增加的物种数目，$I(H)$ 为沿生境梯度 H 减少的物种数目。

（3）Wilson 和 Shmida 指数（βT）（Wilson and Shmida, 1984）：是上述两种指数的结合，计算公式为 βT = $[g(H) + I(H)]/m_a$。

（4）Bray-Curtis 相似度指数（CN，布雷-柯蒂斯相似度指数）：CN = $2N_j/(N_a + N_b)$，式中，N_a 为样地 A 的物种数，N_b 为样地 B 的物种数，N_j 为样地 A 和 B 共有种中个体数较少者的物种数。布雷-柯蒂斯相似度指数既利用了二元属性数据，也考虑到了物种的相对多度，因此更加常用。

3. γ 多样性

γ 多样性主要用于描述生物进化过程中的生物多样性，有人认为 γ 多样性是地理区域尺度上的 α 多样性，还有人认为 γ 多样性是地理区域尺度上的 β 多样性。γ 多样性高（即地理区域生物多样性高）的地区一般出现在地理上相互隔离但彼此相邻的生境中，在这类生境中常常可以发现一些生态特征相近但分类特征极不相近的生物种类生活在一起。

物种是生物进化链条上的基本环节，物种多样性是生物多样性的重要表现形式，物种多样性有两方面的含义，一是指一定区域内物种的总和，主要从分类学、系统学和生物地理学角度对一个区域内物种的状况进行研究，包括一定区域内生物区系的状况（如受威胁状况和特有性等）、形成、演化、分布格局及其维持机制等，可称为区域物种多样性；二是指生态学方面物种分布的均匀程度，可称为群落物种多样性。针对这两方面的含义，物种多样性的测度方法也是不同的。区域物种多样性测度常用的主要有以下方法。物种丰富度（species richness）：指一个区域内所有物种数目或某特定类群的物种数目。单位面积物种数目或物种密度（species density）：从物种-面积关系考虑把物种数目和区域面积取对数求比值。特有物种比例（endemic species ratio）：指在一定区域内该区域特有物种与该区域物种总数的比值。群落物种多样性的测度一般采用物种多样性指数，如辛普森多样性指数（又称优势度指数）、香农-维纳多样性指数、马加莱夫（Margalef）指数、毕卢（Pielou）均匀度指数、等级多样性等。

物种多样性

长江是我国罕有的鱼类资源宝库，其鱼类物种多样性具有种类丰富、特有性高、生活史复杂多样、多样性指数区域差异明显等诸多特点。

2.2.2.1 种类丰富

长江水系有鱼类 448 种（含 375 种淡水鱼类），居我国各水系之首，是我国淡水鱼类种质资源最为丰富的地区之一，也是世界淡水鱼类资源的重要组成部分（表2.3）。例如，我国珠江水系有 294 种鱼类分布（曹文宣和郑慈英，1989），黄河水系有 141 种鱼类分布（高玉玲等，2004），黑龙江水系有 128 种鱼类分布（任慕莲，1994），而欧洲地区一些西部古北界河流的鱼类种数更少，如多瑙河仅分布有 58 种鱼类，莱茵河仅分布有 52 种鱼类，罗纳河仅分布有 47 种鱼类，伏尔加河仅分布有 63 种鱼类等（Galat and Zweimüller，2001）。

表 2.3   世界部分大江大河鱼类种数

河流名称	长度（km）	流域面积（万 km²）	鱼类种数	来源
尼罗河	6670	287	超过 800 种	Witte et al., 2009
亚马孙河	6436	691.5	2500 种	Wolfgang et al., 2007
长江	6300	180	约 400 种	曹文宣，2009
密西西比河	6262	322	102 种	Galat and Zweimüller, 2001
黄河	5464	74.5	141 种	高玉玲等，2004
鄂毕河	5410	297.5	超过 50 种	
澜沧江	4900	81	超过 1300 种	Website of WWF
刚果河	4640	368	至少 686 种	Website of WWF
黑龙江	4370	184	128 种	任慕莲，1994
珠江	2100	44	294 种	曹文宣和郑慈英，1989

2.2.2.2　特有性高

长江鱼类的特有性主要表现为长江流域具有丰富的特有种，其中长江上游地区特有性更高。长江水系特有鱼类有 186 种，隶属 5 目 10 科，其中长江上游地区特有鱼类有 124 种，隶属 4 目 9 科，占长江水系特有鱼类总种数的 66.7%，长江上游地区如此丰富的特有鱼类超过了国内其他地区或水系，国际上也仅有南美洲的亚马孙河和非洲的维多利亚湖可与之相比（Seehausen，2002；Abell et al.，2008）。长江水系分布的 40 科鱼类中有 10 科存在特有种，其中平鳍鳅科和鮡科的特有种比例较高，分别有 14 种和 8 种特有鱼类，分别占其科内总物种数的 73.7% 和 72.7%；然后是钝头鮠科和鳅科，分别有 4 种和 40 种特有鱼类，分别占其科内总物种数的 66.7% 和 60.6%；鲤科和鲑科分别有 108 种和 1 种特有鱼类，分别占其科内总物种数的 49.5% 和 50%；鲇科、鳢科、鰕科、虾虎鱼科分别有 1 种、7 种、1 种、2 种特有鱼类，分别占其科内总物种数的 33.3%、33.3%、25%、8.3%。长江水系尤其是上游地区另一个重要的特有性是指特有属的存在。特有属是指该属所有物种都仅分布于长江水系，如长江上游地区共有 6 个特有属，分别是鲌鲫属 Gobiocypris、异鳔鳅鮀属 Xenophysogobio、高原鱼属 Herzensteinia、球鳔鳅属 Sphaerophysa、金沙鳅属 Jinshaia 和后平鳅属 Metahomaloptera。

长江特有鱼类在各水域的分布是不均匀的，有的种在几条河流都有分布，有的种仅见于某一条或两条河流，而有些湖泊特有种则往往只存在于一个湖泊内。从水系来看，特有种数目较多的水系是金沙江、岷江、长江上游干流（川江段）、雅砻江、横江、赤水河、沱江、嘉陵江等长江上游水系。金沙江共有鱼类 208 种，其中长江特有鱼类有 104 种，占其总种数的 50.0%；岷江共有鱼类 172 种，其中长江特有鱼类有 81 种，占其总种数的 47.1%；长江上游干流（川江段）共有鱼类 226 种，其中长江特有鱼类有 98 种，占其总种数的 43.4%；雅砻江共有鱼类 142 种，其中长江特有鱼类有 60 种，占其总种数的 42.3%；横江共有鱼类 54 种，其中长江特有鱼类有 23 种，占其总种数的 42.6%；赤水河共有鱼类 162 种，其中长江特有鱼类有 60 种，占其总种数的 37.0%；沱江共有鱼类 137 种，其中长江特有鱼类有 53 种，占其总种数的 38.7%；嘉陵江共有鱼类 176 种，其中长江特有鱼类有 61 种，占其总种数的 34.7%。另外，有的较小支流的特有鱼类分布情况也值得注意。例如，岷江的二级支流青衣江分布有 39 种特有鱼类，其中隐鳞裂腹鱼 *Schizothorax cryptolepis*、异唇裂腹鱼 *Schizothorax heterochilus* 和宝兴裸裂尻鱼 *Schizopygopsis malacanthus baoxingensis* 3 种特有鱼类是该水系的独有种，而且该水系还是 7 个特有种的模式产地；雅砻江的一级支流安宁河有 18 个特有种，仅见于该河流的有四川云南鳅 *Yunnanilus sichuanensis*、西昌高原鳅 *Triplophysa xichangensis*、大桥高原鳅 *Triplophysa daqiaoensis* 和短须高原鳅 *Triplophysa brevibarba* 4 种，而且该水系还是 6 个特有种的模式产地。

长江水系如此丰富多样的特有鱼类是在长期的进化过程中鱼类对长江水系的特有环境高度适应的结果，也与青藏高原的隆起、东亚季风气候的形成等地质和气候变化特征有密切的关系。长江水系的特有属和特有种是我国宝贵的生物资源，具有重要的科学价值、经济价值和生物多样性价值，它们是长江水域生态系统的重要组成部分，对维持水域生态系统健康具有非常重要的意义。

2.2.2.3 生活史复杂多样

鱼类通常都与其栖息地环境高度适应，对环境的依赖性较强，不同种类对环境的偏爱性也不同，形成不同的生活史特征，从而进化成不同的功能群。

长江鱼类对水流环境有不同的偏爱性，可分为 5 种不同功能群类型，如亲流型（生活史的部分或全部阶段都在流水中进行）、湖沼型（生活史所有阶段都在有大型水生植物存在的静水环境中进行）、广适型（生活史所有阶段既可在流水环境中进行，也可在静水环境中进行）、溯河型（成鱼洄游到河流上游进行产卵）和降海型（成鱼洄游到海水中进行产卵）。长江上游鱼类绝大多数种类都依赖流水环境，如整个生活史阶段都需在流水环境中进行的鱼类有圆口铜鱼 *Coreius guichenoti*、长鳍吻鮈 *Rhinogobio ventralis*、平鳍鳅科和鮡科鱼类等，有些种类仅在生活史阶段中的繁殖期需在流水环境中进行，其余阶段可在静水环境中进行，如四大家鱼、厚颌鲂 *Megalobrama Pellegrini*、岩原鲤 *Procypris rabaudi*、黑尾近红鲌 *Ancherythroculter nigrocauda*、裂腹鱼类等。邛海鲤 *Cyprinus qionghaiensis* 等湖泊独有种、鳑鲏类等鱼类则不依赖流水环境。中华鲟是典型的溯河型鱼类，而鳗鲡则属于降海型鱼类。

长江水系鱼类的繁殖对策多种多样。依据产卵的生态习性，长江鱼类可分为产卵于水层、产卵于水草上、产卵于水底部、产卵于贝内等鱼类（殷名称，1995；刘建康，1999）。其中，产卵于水层的有四大家鱼等，产卵于水草上的有鲤 *Cyprinus carpio*、鲫 *Carassius auratus*、花鱼骨 *Hemibarbus maculatus* 等，产卵于水底部的有长江鲟 *Acipenser dabryanus* 等，产卵于贝内的有鳑鲏类等。依据受精卵的性质，长江鱼类可划分为产漂流性卵、产黏性卵和产沉性卵 3 个类型的鱼类，如圆口铜鱼、长鳍吻鮈、长薄鳅 *Leptobotia elongata* 等是产漂流性卵的典型代表，所产的卵在流水中漂流发育；岩原鲤、黑尾近红鲌、厚颌鲂、稀有鮈鲫 *Gobiocypris rarus* 等鱼类往往产黏性卵于石头上或水生植物上进行孵化发育；长江鲟等鱼类则常在干流河段上游的大片砾石滩前产沉性卵。

从食性来看，长江水系鱼类可划分为 6 个类型：底栖动物食性（zoobenthivores）、浮游生物食性（planktivores）、鱼食性（piscivores）、着生藻类食性（phytobenthivores）、草食性（herbivores）和杂食性（omnivores）。其中，底栖动物食性的鱼类有很多，主要包括大部分鳅科、平鳍鳅科、钝头鮠科、鲿科、鮡科和部分裂腹鱼属的种类，以及长江鲟、岩原鲤、厚唇裸重唇鱼 *Gymnodaptychus pachycheilus*、裸腹叶须鱼 *Ptychobarbus kaznakovi*、青鱼 *Mylopharyngodon piceus*、胭脂鱼 *Myxocyprinus asiaticus*、铜鱼 *Coreius heterodon*、花鳕等，它们所摄取的食物多数是急流的砾石和滩石缝间生长的毛翅目、翅目和蜉游目昆虫的幼虫或稚虫，少部分是生长在深潭和缓流河段泥沙底质的摇蚊科幼虫和寡毛类。浮游生物食性的鱼类多为栖息于与河流相通的湖泊内的云南鳅属、白鱼属、鳊属等的小型鱼类及四大家鱼中的鳙 *Aristichthys nobilis*、鲢 *Hypophthalmichthys molitrix* 等。鱼食性鱼类则主要捕食别种鱼类，包括近红鲌属、鲈鲤 *Percocypris pingi*（Tchang）、昆明鲇 *Silurus mento*、鳡 *Elopichthys bambusa*、鳜 *Siniperca chuatsi*、乌鳢 *Channa argus* 等。着生藻类食性的鱼类主要有鲴属、白甲鱼属、裂腹鱼属、裸裂尻鱼属等的部分种类，它们的口裂较宽，近似横裂，下颌前缘具有锋利的角质，用来刮取生长于石上的藻类。草食性鱼类主要以水生维管植物为食，包括草鱼 *Ctenopharyngodon idellus* 等。杂食性鱼类通常既摄食水生昆虫、虾类和淡水壳菜等动物性饵料，也摄食藻类及植物的残渣、种子等，有鲤、鲫、厚颌鲂、长体鲂 *Megalobrama elongata*、圆口铜鱼、圆筒吻鮈 *Rhinogobio cylindricus*、长鳍吻鮈等鱼类。

因此，从对水流环境的依赖性、繁殖习性和食性等方面综合来看，长江水系鱼类表现出复杂多样的生活史特征，从而适应长江复合型生态系统的独特生境。

2.2.2.4 多样性指数区域差异明显

采用马加莱夫指数（d）、香农－维纳多样性指数（H'）和毗卢均匀度指数（J'）等多样性指数来描述长江水系的鱼类物种多样性水平。其中，毗卢均匀度指数 $J' = H'/\ln S$，式中，S 为群落中的物种数目，H' 为香农－维纳多样性指数。

根据项目调查结果，长江水系鱼类在各调查站位的马加莱夫指数为 0.44～9.94，香农－维纳多样性指数为 0.39～4.07，毗卢均匀度指数为 0.12～0.99。从干流来看，马加莱夫指数、香农－维纳多样性指数、毗卢均匀度指数分别为 0.44～9.94、0.45～4.07、0.30～0.82；从支流来看，马加莱夫指数、香农－维纳多样性指数、毗卢均匀度指数分别为 1.67～8.84、0.39～3.34、0.12～0.99；从湖泊来看，马加莱夫指数、香农－维纳多样性指数、毗卢均匀度指数分别为 2.28～3.79、1.22～2.63、0.52～0.81（图 2.1）。总体来看，长江水系的鱼类多样性指数区域差异明显，其中长江上游地区具有较高的多样性。

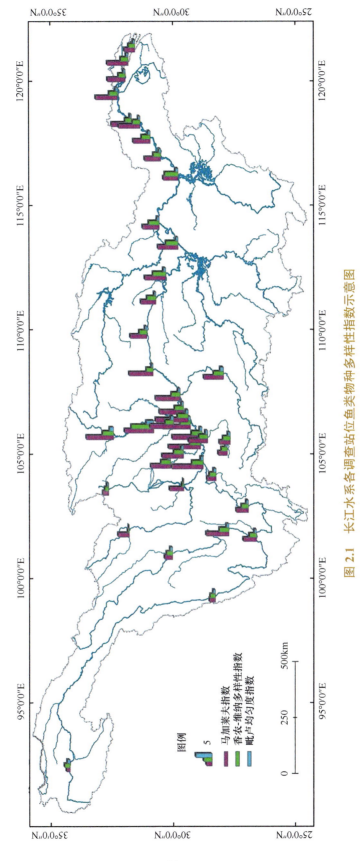

图 2.1 长江水系各调查站位鱼类物种多样性指数示意图

03

第 3 章　长江鱼类空间分布格局

3.1 长江鱼类分布特征

3.1.1 分布概况

3.1.1.1 总体分布情况

长江水系历史分布鱼类 443 种、新采集到鱼类 15 种。从地理位置来看，长江上游段（长江源至湖北宜昌）共分布 353 种鱼类，包括土著鱼类 329 种、外来鱼类 24 种；长江中游段（湖北宜昌至江西湖口）共分布 252 种鱼类，包括土著鱼类 239 种、外来鱼类 13 种；长江下游段（江西湖口至徐六泾）共分布 160 种鱼类，包括土著鱼类 151 种、外来鱼类 9 种；长江口段（徐六泾至 50 号灯浮）共分布有 133 种鱼类，包括土著鱼类 132 种、外来鱼类 1 种。

从区域性来看，长江源与金沙江区域鱼类有 239 种，包括沱沱河 10 种、金沙江 209 种（含 2 种外来鱼类）、雅砻江 147 种（含 7 种外来鱼类）、横江 54 种；长江上游区域鱼类有 258 种，包括长江上游干流 229 种（含 8 种外来鱼类）、岷江（含大渡河）168 种（含 3 种外来鱼类）、赤水河 166 种（含 10 种外来鱼类）、沱江 142 种（含 3 种外来鱼类）；三峡库区区域鱼类有 252 种，包括三峡库区干流 199 种（含 18 种外来鱼类）、嘉陵江 178 种（含 4 种外来鱼类）、乌江 148 种（含 7 种外来鱼类）；长江中游区域鱼类有 252 种，包括长江中游干流 204 种（含 6 种外来鱼类）、汉江 139 种（含 7 种外来鱼类）、洞庭湖 142 种（含 7 种外来鱼类）、鄱阳湖 136 种；长江下游区域鱼类有 160 种（含 9 种外来鱼类）；长江口区域鱼类有 133 种（含 1 种外来鱼类）（图 3.1，附录 2）。

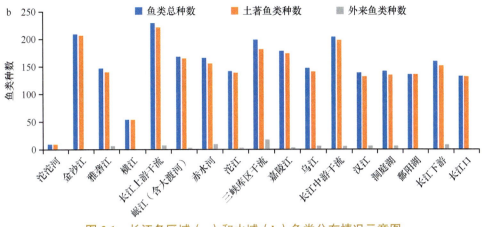

图 3.1　长江各区域（a）和水域（b）鱼类分布情况示意图

3.1.1.2　采集情况

根据"长江渔业资源与环境调查（2017—2021）"专项调查结果，长江水系 2017～2019 年共采集到鱼类 318 种（包括 252 种淡水鱼类、6 种洄游性鱼类、34 种河口定居鱼类和 26 种外来鱼类）（附录2），隶属 20 目 38 科，其中历史有分布且本次采集到的鱼类有 303 种，占长江水系历史分布鱼类总种数的 70.0%。

从水域来看，长江源与金沙江区域采集到 132 种（沱沱河 5 种、金沙江 97 种、雅砻江 94 种、横江 54 种）；长江上游区域采集到 174 种［长江上游干流 127 种、岷江（含大渡河）80 种、赤水河 121 种、沱江 90 种］，三峡库区区域采集到 185 种（三峡库区干流 137 种、嘉陵江 116 种、乌江 80 种），长江中游区域采集到 162 种（长江中游干流 117 种、汉江 101 种、洞庭湖 84 种、鄱阳湖 83 种），长江下游区域采集到 116 种，长江口区域采集到 55 种（图 3.2）。

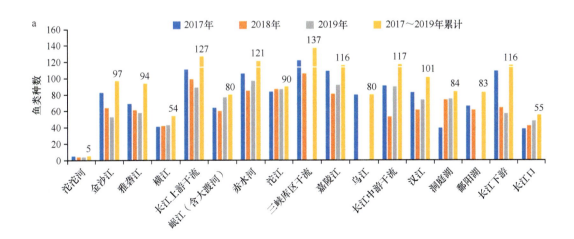

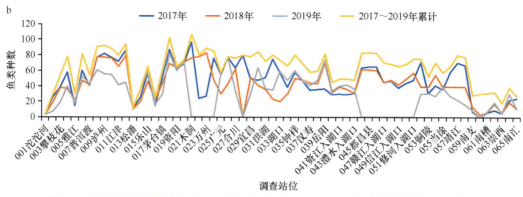

图3.2　长江水系各水域（a）、各站位（b）2017~2019年鱼类采集情况示意图

从水域来看，长江源与金沙江区域历史有分布而本次未采集到的鱼类有107种，其中有55种在其他区域被采集到（如长江上游区域采集到39种、三峡库区区域采集到44种、长江中游区域采集到41种、长江下游区域采集到24种、长江口区域采集到3种），有52种在所有区域均未被采集到，包括38种仅局限分布于长江源与金沙江区域的鱼类，分别为3种CR等级鱼类（滇池金线鲃、小鲤、滇池球鳔鳅）、6种EN等级鱼类（多鳞白鱼、银白鱼、小裂腹鱼、中甸叶须鱼、杞麓鲤、黑斑云南鳅）、1种VU等级鱼类（大眼圆吻鲴）、4种NT等级鱼类（寻甸白鱼、西昌高原鳅、秀丽高原鳅、短须高原鳅）、17种DD等级鱼类（乌蒙山金线鲃、原鲮、干河云南鳅、牛栏云南鳅、横斑云南鳅、四川云南鳅、似横纹南鳅、唐古拉高原鳅、小眼高原鳅、大桥高原鳅、宁蒗高原鳅、圆腹高原鳅、拟细尾高原鳅、横斑原缨口鳅、牛栏江似原吸鳅、牛栏爬岩鳅、长须石爬鳅）、2种LC等级鱼类（异尾高原鳅、中华青鳉）、5种未评估等级鱼类（雅砻白鱼、程海白鱼、程海鲌、牛栏江南鳅、华坪条鳅）；长江上游区域历史有分布而本次未采集到的鱼类有84种，其中有49种在其他区域被采集到（如长江源与金沙江区域采集到18种、三峡库区区域采集到20种、长江中游区域采集到20种、长江下游区域采集到7种、长江口区域采集到1种），有35种在所有区域均未被采集到，包括14种仅局限分布于长江上游区域的鱼类，分别为4种EN等级鱼类（成都鱲、稀有鮈鲫、彭县似鳡、大渡白甲鱼）、1种VU等级鱼类（嘉陵裸裂尻鱼）、2种NT等级鱼类（四川鲱、天全鲱）、6种DD等级鱼类（隐鳞裂腹鱼、异唇裂腹鱼、多带高原鳅、理县高原鳅、似原吸鳅、壮体鲱）、1种未评估等级鱼类（宝兴裸裂尻鱼）；三峡库区区域历史有分布而本次未采集到的鱼类有67种，其中有42种在其他区域被采集到（如长江源与金沙江区域采集到20种、长江上游区域采集到22种、长江中游区域采集到14种、长江下游区域采集到8种、长江口区域采集到3种），有25种在所有区域均未被采集到，包括11种仅局限分布于三峡库区区域的鱼类，分别为1种NT等级鱼类（多斑金线鲃）、4种DD等级鱼类（长臀华鲮、贵州拟鲿、草海云南鳅、短鳍鲱）、2种LC等级鱼类（三角鲤、稀有鳅）、4种未评估等级鱼类（多鳞四须鲃、珠江卵形白甲鱼、小眼戴氏南鳅、暗鳜）；长江中游区域历史有分布而本次未采集到的鱼类有90种，其中有49种在其他区域被采集到（如长江源与金沙江区域采集到26种、长江上游区域采集到31种、三峡库区区域采集到32种、长江下游区域采集到8种、长江口区域采集到 2 种），有 41 种在所有区域均未被采集到，包括 24 种仅局限分布于长江中游区域的鱼类，分别为 2 种 CR 等级鱼类（大鳞黑线鳘、司氏鮡）、1 种 EN 等级鱼类（洞庭孟加拉鲮）、1 种 VU 等级鱼类（长麦穗鱼）、9 种 DD 等级鱼类（湖北鲴、长须片唇鮈、原缨口鳅、龙口似原吸鳅、珠江拟腹吸鳅、下司华吸鳅、汉水后平鳅、盆堂拟鲿、鳗尾鮡）、7 种 LC 等级鱼类（海南拟䱾、小鳈、湘江蛇鮈、短吻鳅鸵、须鳎、巨口鳎、光唇鱼）、4 种未评估等级鱼类（白边鳔鲏、薄颌光唇鱼、东方薄鳅、大刺鳅）；长江下游区域历史有分布而本次未采集到的鱼类有 44 种，其中有 25 种在其他区域被采集到（如长江源与金沙江区域采集到 5 种、长江上游区域采集到 12 种、三峡库区区域采集到 13 种、长江中游区域采集到 15 种、长江口区域采集到 8 种），有 19 种在所有区域均未被采集到，包括 8 种仅局限分布于长江下游区域的鱼类，分别为 1 种 VU 等级鱼类（黑线鳘）、1 种 NT 等级鱼类（台湾白甲鱼）、4 种 DD 等级鱼类（隐须颌须鮈、董氏鳅鸵、条纹鳎、长臂拟鲿）、2 种未评估等级鱼类（镇江片唇鮈、侧纹白甲鱼）；长江口区域历史有分布而本次未采集到的鱼类有 78 种，其中有 66 种在其他区域被采集到（如长江源与金沙江区域采集到 26 种、长江上游区域采集到 49 种、三峡库区区域采集到 49 种、长江中游区域采集到 59 种、长江下游区域采集到 55 种），有 12 种在所有区域均未被采集到，没有局限分布于长江口区域的鱼类。

从站位来看，长江水系共设置 65 个站位，每个站位采集到的鱼类种数从 5 种（沱沱河）到 106 种不等，大多数为 40～80 种（图 3.2b）。从年份来看，除极少数站位 2019 年未进行鱼类种类调查之外，在同一站位 2017 年较 2018 年、2019 年采集到的鱼类种数稍多，但波动并不大。

从目级水平来看，鲤形目鱼类最多，有 201 种，占 63.2%；其次为鲇形目，有 36 种，占 11.3%；虾虎鱼目有 26 种，占 8.2%；鲈形目有 9 种，占 2.8%；胡瓜鱼目和鲽形目各有 6 种，分别占 1.9%；鲱形目、鲟形目、攀鲈目、鈍形目各有 4 种，分别占 1.3%；鲻形目、合鳃鱼目、慈鲷目各有 3 种，分别占 0.9%；鲑形目、颌针鱼目各有 2 种，分别占 0.6%；鲉形目、鳗鲡目、鲥形目、脂鲤目、鳎目各有 1 种，分别占 0.3%。从科级水平来看，鲤科鱼类最多，有 153 种，占 48.1%；其次为鳅科，有 38 种，占 12.0%；虾虎鱼科有 22 种，占 6.9%；鲿科有 18 种，占 5.7%；平鳍鳅科有 9 种，占 2.8%；鮡科、舌鳎科、银鱼科各有 6 种，分别占 1.9%；鲀科有 5 种，占 1.6%；塘鳢科、鈍科、鲟科各有 4 种，占 1.3%；鳀科、鲻科、钝头鮠科、胡子鲇科、慈鲷科、鲇科各有 3 种，分别占 0.9%；鲑科、丝足鲈科、鮰科、鳢科、刺鳅科各有 2 种，分别占 0.6%；其余 15 科均各有 1 种，分别占 0.3%（图 3.3）。

这 318 种鱼类中，共发现长江特有鱼类 105 种，隶属 5 目 10 科，占长江水系 2017～2019 年采集到的鱼类总种数的 33.0%。其中，鲤形目鱼类最多，有 90 种；其次为鲇形目鱼类，有 12 种；鲟形目、鲑形目、虾虎鱼目各有 1 种。

根据《中国生物多样性红色名录——脊椎动物卷》，这 318 种鱼类中，VU 至 CR 等级的鱼类共有 54 种。其中，处于 CR 等级的鱼类有 12 种，分别是长江鲟、中华鲟、史氏鲟、鳇、云南鲴、圆口铜鱼、华缨鱼、长须裂腹鱼、胭脂鱼、昆明鲇、中臂拟鲿、川陕哲罗鲑；处于 EN 等级的鱼类有 16 种，分别是鳗鲡、长鳍吻鮈、鲈鲤、细鳞裂腹鱼、昆明裂腹鱼、重口裂腹鱼、灰色裂腹鱼、松潘裸鲤、大渡裸裂尻鱼、小头高原鱼、黄石爬鳅、青石爬鳅、

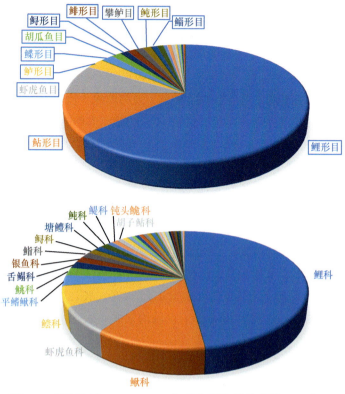

图 3.3 长江水系 2017～2019 年采集到鱼类分类情况示意图

中华鳅、细鳞鲴、四川吻虾虎鱼、淞江鲈；处于 VU 等级的鱼类有 26 种，分别是短臀白鱼、厚颌鲂、方氏鲴、宽头林鲃、花鲈鲤、多鳞白甲鱼、稀有白甲鱼、宽唇华缨鱼、长丝裂腹鱼、齐口裂腹鱼、四川裂腹鱼、裸腹叶须鱼、厚唇裸重唇鱼、软刺裸裂尻鱼、岩原鲤、侧纹云南鳅、中华沙鳅、长薄鳅、紫薄鳅、小眼薄鳅、红唇薄鳅、衡阳薄鳅、细体拟鲿、白缘𬶍、短吻间银鱼、长身鳢；处于 NT 等级的鱼类有 11 种，分别是汪氏近红鲌、嵩明白鱼、川西鳈、革条副鱊、粗须白甲鱼、长鳍云南鳅、戴氏山鳅、侧沟爬岩鳅、四川爬岩鳅、短身金沙鳅、前臀鮠；处于 DD 等级的鱼类有 35 种，处于 LC 等级的鱼类有 148 种，未参与评估的鱼类有 70 种。

这 318 种鱼类中，共发现外来鱼类 26 种，占长江水系 2017～2019 年采集到的鱼类总种数的 8.2%，与长江水系历史分布的外来鱼类相比，新增 12 种，尚有 1 种（三角鲤曾在乌江有历史分布）未采集到。26 种外来鱼类分别为史氏鲟、杂交鲟、丁鱥、广西鱊、大鳞鲃、花鲈鲤、鲮、麦瑞加拉鲮、露斯塔野鲮、散鳞镜鲤、锦鲤、须鲫、北方花鳅、北方泥鳅、短盖巨脂鲤、下口鲇、蟾胡子鲇、革胡子鲇、斑点叉尾鮰、云斑鮰、尼罗罗非鱼、奥利亚罗非鱼、莫桑比克罗非鱼、食蚊鱼、大口黑鲈、梭鲈。其中，长江上游段采集到了除广西鱊、鲮、北方泥鳅和蟾胡子鲇外的 22 种外来鱼类，长江中游段采集到了杂交鲟、丁鱥、广西鱊、鲮、麦瑞加拉鲮、散鳞镜鲤、北方花鳅、北方泥鳅、下口鲇、革胡子鲇、斑点叉尾鮰、食蚊鱼、大口黑鲈 13 种外来鱼类，长江下游段采集到了史氏鲟、鲮、麦瑞加拉鲮、散鳞镜鲤、锦鲤、蟾胡子鲇、食蚊鱼、大口黑鲈 8 种外来鱼类，长江口采集到食蚊鱼等 1

种外来鱼类。总体来看，相较于长江中下游段，长江上游段发现的外来鱼类种类明显偏多。

3.1.1.3　差异性分析

长江鱼类的分布现状与历史分布间的差异主要表现在四个方面：一是历史有分布而2017～2019年未采集到的鱼类；二是历史无分布而2017～2019年新采集到的鱼类；三是未在其历史分布的所有单元采集到的鱼类；四是在其他非历史分布单元采集到的鱼类。

1. 历史有分布而未采集到的鱼类

长江水系历史有分布而2017～2019年调查未采集到的鱼类有130种,隶属10目16科,占长江水系历史分布鱼类总种数的30.0%。从不同区域来看，长江源与金沙江区域未采集到的鱼类有52种，长江上游区域未采集到的鱼类有35种，三峡库区区域未采集到的鱼类有25种，长江中游区域未采集到的鱼类有41种，长江下游区域未采集到的鱼类有19种，长江口区域未采集到的鱼类有12种。

从不同水域来看，沱沱河未采集到的鱼类有4种，主要为高原鳅类；金沙江有36种，主要为白鱼类、鳅类等；雅砻江有16种，主要为白鱼类、裂腹鱼类和高原鳅类；长江上游干流有28种，主要为白鱼类、白甲鱼类、裂腹鱼类、高原鳅类等；岷江（含大渡河）有17种，主要为白甲鱼类、裂腹鱼类、高原鳅类、鮡类等；赤水河有4种，分别为白鲟、鲼、四川白甲鱼、富氏拟鲿；沱江有8种；三峡库区干流有10种，主要为白甲鱼类等；嘉陵江有11种，主要为白甲鱼类、高原鳅类等；乌江有13种，主要为白甲鱼类、鲃类、鳅类等；长江中游干流有22种，主要为银鱼类、鳅鮀类、光唇鱼类、白甲鱼类、鳅类等；汉江有10种，主要为鳅鮀类等；洞庭湖有12种，主要为银鱼类、鳅鮀类等；鄱阳湖有15种，主要为银鱼类、鲦鲏类、光唇鱼类、鲀类等；长江下游干流有19种，主要为银鱼类、鮈类、白甲鱼类、鲀类等；长江口有12种，主要为银鱼类、鲀类等（图3.4）。总体来看，这些未采集到的鱼类中，主要为白鲟、鲼、鲥、白鱼类、裂腹鱼类、高原鳅类、鮡类、鳅类、银鱼类、鲦鲏类、光唇鱼类、鮈类、鲀类等。

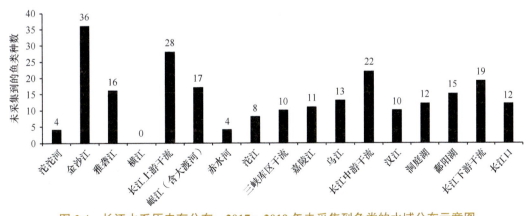

图3.4　长江水系历史有分布，2017～2019年未采集到鱼类的水域分布示意图

这130种未采集到的鱼类中，从目级水平来看，鲤形目鱼类最多，有103种，占

79.2%；其次为鲇形目，有 11 种，占 8.5%；胡瓜鱼目有 4 种，占 3.1%；虾虎鱼目和鲀形目各有 3 种，分别占 2.3%；鲈形目有 2 种，占 1.5%；鲟形目、鲱形目、颌针鱼目、合鳃鱼目各有 1 种，分别占 0.8%。从科级水平来看，鲤科鱼类最多，有 65 种，占 50.0%；其次为鳅科，有 28 种，占 21.5%；平鳍鳅科有 10 种，占 7.7%；鮡科有 5 种，占 3.8%；鲀科、银鱼科、鳠科、钝头鮠科各有 3 种，分别占 2.3%；虾虎鱼科、鲇科各有 2 种，分别占 1.5%；其余 6 科各有 1 种，分别占 0.8%。

这 130 种未采集到的鱼类中，长江特有种有 81 种，占未采集到鱼类总种数的62.3%。根据《中国生物多样性红色名录——脊椎动物卷》，这 130 种鱼类中受威胁物种数达 38 种（包括 CR 等级 11 种、EN 等级 21 种、VU 等级 6 种），处于 NT 等级的鱼类有 9 种，处于 DD 等级的鱼类有 46 种，处于 LC 等级的鱼类有 15 种，未评估等级的鱼类有 22 种。这 130 种鱼类中外来鱼类仅有 1 种，为三角鲤，在乌江历史有分布而在2017～2019 年项目调查中未被采集到。

这 130 种未采集到的鱼类中，从其历史分布的出现率（历史分布单元数占总水域单元数）来看，出现率在 50% 以上的物种仅有 3 种，分别是白鲟（64.7%）、中华细鲫（70.6%）和鳤（76.5%）；出现率为 25%～50% 的物种仅有 3 种，分别是鲥（29.4%）、四川白甲鱼（47.1%）和富氏拟鳖（35.3%）；出现率在 25% 以下的物种有 124 种，其中 82 种的出现率仅为 5.9%，30 种的出现率为 11.8%，8 种的出现率为 17.6%，4 种的出现率为 23.5%。由此可见，这 130 种鱼类中狭域分布的物种占了绝大多数，广域分布的物种非常少。

分析这 130 种鱼类未采集到的原因主要有以下五点：①部分物种确已多年未见，处于极度濒危状态，如白鲟、鳤、鲥、四川白甲鱼等；②部分物种属于小型鱼类，分布范围多为小溪流或小水沟，本次调查未能对这些区域进行全面覆盖，故未能采集到，如稀有鮈鲫、中华细鲫、长麦穗鱼等；③部分物种属于湖泊或支流特有种，仅分布于特定湖泊或支流中，本次调查未能对这些湖泊和支流进行全面覆盖，故未能采集到，如雅砻白鱼、西昌白鱼、程海白鱼、邛海白鱼、寻甸白鱼、程海鲌、滇池金线鲃、杞麓鲤、邛海鲤、草海云南鳅、大眼圆吻鲴、薄颌光唇鱼等；④部分物种为新定种，除定种时采集到样本外，后期均未有任何采集记录，可能存在物种鉴定方面的问题，如干河云南鳅、牛栏云南鳅、横斑云南鳅、四川云南鳅、似横纹南鳅、牛栏江南鳅、乌蒙山金线鲃、原鲮、牛栏江似原吸鳅、牛栏爬岩鳅、长须石爬鮡、四川鮡、天全鮡、壮体鮡等；⑤部分物种为长江口的河口定居鱼类，由于采样力度和采样时间的不充分，本次调查未能采集到，如中华乌塘鳢、弓斑东方鲀、虫纹东方鲀、双斑东方鲀 4 种，随着采样力度和时间的增加，物种数有望增加。

2. 历史无分布而新采集到的鱼类

长江水系历史无分布而 2017～2019 年调查新采集到的鱼类有 15 种，隶属 6 目 8 科。其中，鲤形目有 7 种，占 46.7%；慈鲷目有 3 种，占 20.0%；鲇形目有 2 种，占 13.3%；鲟形目、脂鲤目、鲈形目各有 1 种，分别占 6.7%。这 15 种鱼类中，鲤科鱼类最多，有 6 种，占 40.0%；慈鲷科有 3 种，占 20.0%；其余 6 科各有 1 种，分别占 6.7%。

这 15 种鱼类分别为史氏鲟、大鳞鲃、广西鳈、花鲈鲤、露斯塔野鲮、锦鲤、须鲫、衡阳薄鳅、短盖巨脂鲤、下口鲇、叉尾鮰、尼罗罗非鱼、奥利亚罗非鱼、莫桑比克罗非鱼、大口黑鲈，主要为外来物种，占 80.0%。

3. 未在其历史分布的所有单元采集到的鱼类

长江水系 2017～2019 年采集到 318 种鱼类，其中仅有 65 种鱼类（隶属 11 目 19 科）在其历史分布的所有单元被采集到，占长江水系采集到鱼类总种数的 20.4%；尚有 215 种鱼类（隶属 15 目 27 科）虽被采集到，但并未在其历史分布的所有单元被采集到，仅仅在部分历史分布单元被采集到，占长江水系采集到鱼类总种数的 67.6%。这 215 种鱼类中，有 19 种鱼类的采集单元数仅占其历史分布总水域单元数的 6.75%～25%，有 76 种鱼类的采集单元数仅占其历史分布总水域单元数的 25%～50%，有 77 种鱼类的采集单元数仅占其历史分布总水域单元数的 50%～75%，有 43 种鱼类的采集单元数占其历史分布总水域单元数的 75%～93.75%（图 3.5）。

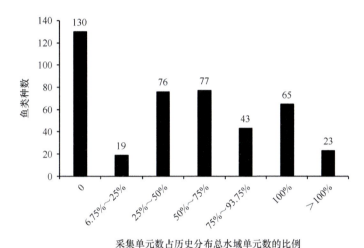

采集单元数占历史分布总水域单元数的比例

图 3.5　长江水系鱼类采集单元数占其历史分布总水域单元数的比例

4. 在其他非历史分布单元采集到的鱼类

长江水系 2017～2019 年采集到 318 种鱼类，其中有 23 种鱼类不仅在其历史分布单元被采集到，还在其他非历史分布单元被采集到，其采集单元数占历史分布总水域单元数的比例均超过 100%（图 3.5）。这 23 种鱼类包括杂交鲟、丁𩷅、张氏䱗、团头鲂、细尾蛇鮈、斑条鱊、大鳞鲃、鯪、麦瑞加拉鲮、散鳞镜鲤、北方花鳅、大斑鳅、革胡子鲇、斑点叉尾鮰、细鳞鲑、太湖新银鱼、李氏吻虾虎鱼、斑尾刺虾虎鱼、髭缟虾虎鱼、拉氏狼牙虾虎鱼、食蚊鱼、刺鳅、紫斑舌鳎。其中，外来鱼类有 10 种，占 43.5%；特有种有 4 种，占 17.4%。

3.1.2　分布特征

长江流域水系复杂，地质构造复杂多变，地理、地势环境复杂，跨越中国地势的三大阶梯。长江自长江源至湖北宜昌为上游，长约 4500 km，集水面积约 100 万 km²，包括沱沱河、金沙江、雅砻江、横江、长江上游干流、岷江（含大渡河）、赤水河、沱江、三峡库区干流、嘉陵江、乌江水域，跨越中国地势的一级阶梯和二级阶梯，水系发达，水资源充沛，跨越了高原、北亚热带和中亚热带三大季风气候区，其重要的地理位置、特殊的地质地貌特征和脆弱的生态与环境，赋予了长江上游对中下游地区特殊的生态安全屏障作用，是我国自然保护区最多的重点区域，占全国自然保护区数目的 1/3，还是长江流域水土流失最严重的区域和全球环境变化的敏感区域，是长江流域生态建设与环境保护的关键地区；湖北宜昌至江西湖口为中游，长约 950 km，集水面积约 68 万 km²，包括长江中游干流、汉江、洞庭湖、鄱阳湖水域，跨越中国地势的二级阶梯和三级阶梯；江西湖口至徐六泾为长江下游，长约 756 km；徐六泾至 50 号灯浮为长江口段，长约 182 km，长江下游至长江口段跨越中国地势的三级阶梯。

长江流域鱼类的分布呈现以下特征：从上游至下游，种数越来越少；干流种数比支流多；外来种数相较历史有所增多，环境和生物均表现出明显的空间异质性，即空间上的不均匀性和复杂性，反映出了生态系统的斑块性（patchiness）和环境的梯度（gradient）变化。空间异质性高，意味着有更加多样的小生境，能允许更多的物种共存。这种空间分布的异质性有一个动态变化过程，受自然或人类活动等的干扰影响，环境空间异质性对物种空间分布和群落构建起到非常重要的作用，可以通过改变环境状况来影响生物种群的结构与动态，从而造成或影响空间异质性格局。

3.2　长江鱼类空间分布格局

3.2.1　聚群结构

聚群（assemblage）是指特定空间上和时间上通过一定采样方法捕获的所有种类，并没有考虑这些种类间的相互关系（Wootton，1990）。群落由功能上相互依赖的一系列物种组成。聚群与群落的概念相似，但其定义的内涵小于群落。群落内物种间的相互关系较难鉴别，而聚群则简单表示同时出现的物种，并没有任何的生态学假设。值得一提的是，聚群内物种间的同时出现并不是种类的随机组合，通过对聚群特征的分析研究可以间接反映种类间的共存、竞争、捕食等关系，在实际研究中聚群受到了普遍的关注。

根据不同水系间鱼类种类组成的相似性与差异性，可分为两大类（类群 Ⅰ 和类群 Ⅱ），其中类群 Ⅰ 又可分成 Ⅰ 1、Ⅰ 2、Ⅰ 3、Ⅰ 4、Ⅰ 5 共 5 个聚群，类群 Ⅱ 可分成 Ⅱ 1、Ⅱ 2 共 2 个聚群，这 7 个聚群分别由 1 个、3 个、1 个、5 个、1 个、5 个、1 个水域分布单元组成。聚群 Ⅰ 1 由沱沱河组成，聚群 Ⅰ 2 由金沙江、雅砻江、岷江（含大渡河）组成，聚群 Ⅰ 3 由横江组成，聚群 Ⅰ 4 由长江上游干流（川江段）、赤水河、沱江、嘉陵江、三峡库区干流组成，聚群 Ⅰ 5 由乌江组成，聚群 Ⅱ 1 由长江中游干流、汉江、洞庭湖、鄱阳湖、长江下游干流组成，聚群 Ⅱ 2 由长江口组成。

3.2.1.1 类群Ⅰ为长江上游类群

长江上游类群(类群Ⅰ)包含11个水域单元[干流的沱沱河、金沙江、长江上游干流(川江段)、三峡库区干流,支流的雅砻江、横江、岷江(含大渡河)、沱江、赤水河、嘉陵江、乌江],占所有水域单元的64.7%。长江上游类群共有353种鱼类,包括土著鱼类329种、外来鱼类24种。这353种鱼类的出现率为0~94.1%,出现率小于25%的鱼类有170种,占48.2%,其中94种鱼类的出现率更是小于10%,可定义为狭域分布种;出现率为25%~50%的鱼类有58种,分布范围处于中等水平;出现率为50%~75%的鱼类有57种,分布范围较为广泛;出现率为75%~94.1%的鱼类有68种,其中16种的出现率达到94.1%,分布范围最为广泛,这16种鱼类分别是草鱼、鳘、麦穗鱼、银鮈、蛇鮈、高体鳑鲏、鲤、鲫、鲇、黄颡鱼、瓦氏黄颡鱼、光泽黄颡鱼、长吻鮠、大鳍鱊、小黄黝鱼、子陵吻虾虎鱼。

长江上游类群可继续分为5个聚群,分别为Ⅰ1(沱沱河)、Ⅰ2[金沙江、雅砻江、岷江(含大渡河)]、Ⅰ3(横江)、Ⅰ4[长江上游干流(川江段)、赤水河、沱江、嘉陵江、三峡库区干流]、Ⅰ5(乌江),其中聚群Ⅰ1、Ⅰ3、Ⅰ5均由单个水域单元组成,说明这几个水域单元与其他水域单元之间存在明显的差异性。这5个聚群的物种数分别为10种、259种、54种、282种、148种。聚群Ⅰ1中有9种鱼类的出现率小于25%,仅1种的出现率为35%;聚群Ⅰ2中出现率小于25%的物种有97种,占37.5%,出现率为25%~50%的物种有41种,出现率为50%~75%的物种有53种,出现率为75%~94.1%的物种有68种;聚群Ⅰ3中出现率小于25%的仅1种,出现率为25%~50%的物种有10种,出现率为50%~75%的物种有15种,出现率为75%~94.1%的物种有28种;聚群Ⅰ4中出现率小于25%的物种有100种,出现率为25%~50%的物种有57种,出现率为50%~75%的物种有57种,出现率为75%~94.1%的物种有68种;聚群Ⅰ5中出现率小于25%的物种有24种,出现率为25%~50%的物种有23种,出现率为50%~75%的物种有37种,出现率为75%~94.1%的物种有64种。

3.2.1.2 类群Ⅱ为长江中下游类群

长江中下游类群(类群Ⅱ)包括6个水域分布单元(长江中游干流、汉江、洞庭湖、鄱阳湖、长江下游干流、长江口),占所有水域单元的35.3%。长江中下游类群共分布有306种鱼类,包括土著鱼类289种、外来鱼类17种。这306种鱼类中出现率小于25%的物种有135种,其中出现率小于10%的物种有66种,出现率为25%~50%的物种有47种,出现率为50%~75%的物种有56种,出现率为75%~94.1%的物种有68种。

长江中下游类群可继续分为2个聚群,分别为Ⅱ1(长江中游干流、汉江、洞庭湖、鄱阳湖、长江下游干流)和Ⅱ2(长江口),这2个聚群分布的物种数分别为292种和133种。聚群Ⅱ1中出现率小于25%的物种有121种,出现率为25%~50%的物种有47种,出现率为50%~75%的物种有56种,出现率为75%~94.1%的物种有68种;聚群Ⅱ2中出现率小于25%的物种有48种,出现率为25%~50%的物种有16种,出现率为50%~75%的物种有14种,出现率为75%~94.1%的物种有55种。

3.2.2 指示物种

指示物种是指每个聚群中最具特点的物种，通常是指主要分布于某个聚群中，并且分布在该聚群的大部分采样点中，也即最能代表该聚群生境特点的物种（Dufrêne and Legendre, 1997）。根据分布的独有性（specificity）和广泛性（fidelity），采用软件 R 中的 indicspecies 程序包 multi-level pattern analysis 和 IndVal（de Cáceres and Legendre, 2009; de Cáceres et al., 2010）揭示长江鱼类不同聚群的指示物种。物种指示值计算公式为 $IndVal_{ij} = A_{ij} \times B_{ij} \times 100$，其中独有性（$A_{ij}$）是指第 i 个物种在第 j 个聚群中的分布占其在所有聚群中分布的比例，对于有无数据的计算公式为 $A_{ij} = Nsites_{ij} / Nsites_i$，对于数量数据的计算公式则为 $A_{ij} = Nindividuals_{ij} / Nindividuals_i$（$Nindividuals_{ij}$ 代表第 i 个样点中第 j 个物种的个体数量，而 $Nindividuals_i$ 则代表第 i 个样点中的所有物种的个体总数）。广泛性（B_{ij}）是指第 i 个物种在第 j 个聚群的所有采样点中所占的分布比例，计算公式为 $B_{ij} = Nsites_{ij} / Nsites_j$。通常指示物种是指那些指示值（indicator value）大于 25 并且显著的物种，当某一物种的指示值大于 25 时，表示该物种在某一个聚群中的分布占在所有聚群中分布的至少 50%，而且对该聚群所有采样点来说，其分布也能达到至少 50%。

从类群来看，长江上游类群的指示物种有 12 种，分别是 Pav 红尾副鳅、Ssb 中华倒刺鲃、Ppo 短体副鳅、Bsu 中华沙鳅、Jsi 中华金沙鳅、Osi 白甲鱼、Ptr 切尾拟鲿、Pps 泉水鱼、Ayu 云南光唇鱼、Gig 墨头鱼、Ssc 西昌华吸鳅、Mom 峨嵋后平鳅；长江中下游类群的指示物种有 1 种，为 Msi 中华刺鳅。

从聚群来看，聚群Ⅰ1 无指示物种，聚群Ⅰ2 的指示物种有 10 种，聚群Ⅰ3 的指示物种仅 1 种，聚群Ⅰ4 的指示物种有 30 种，聚群Ⅰ5 的指示物种有 7 种，聚群Ⅱ1 的指示物种有 19 种，聚群Ⅱ2 的指示物种有 3 种。

聚群Ⅰ2 的指示物种分别是 Trb 短尾高原鳅、Ror 东方高原鳅、Eki 黄石爬鮡、Sds 重口裂腹鱼、Jab 短身金沙鳅、Eda 青石爬鮡、Gfo 福建纹胸鮡、Rve 长鳍吻鮈、Ppg 细体拟鲿、中华鳑鲏 Rsi。

聚群Ⅰ3 的指示物种为 Cer 红鳍原鲌。

聚群Ⅰ4 的指示物种分别是 Lmi 小眼薄鳅、Lpe 薄鳅、Ani 黑尾近红鲌、Pbi 双斑副沙鳅、Awa 汪氏近红鲌、Aom 峨嵋鱲、Gim 短须颌须鮈、Ccs 散鳞镜鲤、Htc 张氏䱗、Ada 长江鲟、Mpe 厚颌鲂、Mop 叉尾斗鱼、Sgy 光唇蛇鮈、Dtu 圆吻鲴、Lta 紫薄鳅、Rcy 圆筒吻鮈、Pem 凹尾拟鲿、Pfa 花斑副沙鳅、Ssi 华鲮、Scu 赤眼鳟、Cmm 蒙古鲌、Pen 寡鳞飘鱼、Hla 唇鳍、Acc 兴凯鱊、Skn 大眼鳜、Peu 长须黄颡鱼、Sni 黑鳍鳈、Lma 鳊、Pda 大鳞副泥鳅、Car 乌鳢。

聚群Ⅰ5 的指示物种分别是 Vpi 平舟原缨口鳅、Amo 宽口光唇鱼、Mki 乐山小鳔鮈、Amb 大鳍鳠、Mam 团头鲂、Mal 黄鳝、Sis 斑鳜。

聚群Ⅱ1 的指示物种分别是 Sro 长身鳜、Msi 中华刺鳅、Cbr 短颌鲚、Agr 无须鱊、Obo 沙塘鳢、Cda 达氏鲌、Mma 鲂、Cox 尖头鲌、Csi 中华鳑、Abb 短须鱊、Xmi 细鳞鲴、Sdu 长蛇鮈、Swo 点纹银鮈、Xar 银鲴、Xda 黄尾鲴、Eba 鳡、Psi 飘鱼、Psb 似鳊、Ppe 鳊。

聚群Ⅱ2 的指示物种分别是 Taf 暗纹东方鲀、Aja 鳗鲡、Hbl 贝氏䱗。

04

第4章　渔业资源现状

4.1 成鱼资源

2017～2021 年于长江全流域开展了长江专项渔业资源调查工作，全流域设置长江源（金沙江、雅砻江、横江和岷江）、长江一级支流（赤水河、沱江、嘉陵江、乌江和汉江）、长江干流（长江上游干流、三峡库区干流、长江中游干流、长江下游干流和长江口）以及通江湖泊（鄱阳湖和洞庭湖）共计 72 个站位（包括补设断面 7 个）。经统计，全流域调查时间总计 3520 d，累计统计渔获物 115 272.53 kg、794 723 尾（表 4.1）。

表 4.1　2017～2021 年长江专项渔业资源调查概况统计

流域	累计调查时间（d）	站位数	渔获物质量（kg）	统计数量（尾）	鱼类种数（种）
金沙江	244	3	626.96	12 381	77
雅砻江	110	3	851.52	6 446	95
横江	30	3	19.23	1 356	54
岷江	150	3	558.44	11 415	62
长江上游干流	489	5	3 030.28	52 522	131
赤水河	407	3	1 447.10	26 475	88
沱江	192	3	3 306.38	94 468	87
三峡库区干流	116	4	4 261.67	70 609	101
嘉陵江	197	3	2 874.64	31 411	95
乌江	155	2	220.59	6 386	57
长江中游干流	354	7	14 654.34	74 071	131
汉江	365	3	2 390.19	40 195	96
长江下游干流	304	7	2 224.19	91 950	104
长江口	56	7	90.38	27 012	40
洞庭湖	186	8	24 615.36	44 176	76
鄱阳湖	165	8	54 101.26	203 850	103
合计	3 520	72	115 272.53	794 723	—

"—"表示数据

调查结果显示，长江全流域平均单位捕捞努力量渔获量（CPUE）为 7.89 kg/（船·d）。长江干流平均 CPUE 为 7.86 kg/（船·d）、三峡库区干流为 14.00 kg/（船·d）、长江上游干流为 2.91 kg/（船·d）、长江中游干流为 10.92 kg/（船·d）、长江下游干流为 11.94 kg/（船·d）、长江口为 3.22 kg/（船·d）；两湖平均 CPUE 为 16.49 kg/（船·d），其中洞庭湖为 25.69

kg/（船·d）、鄱阳湖为 7.29 kg/（船·d）；各大支流平均 CPUE 为 5.76 kg/（船·d），其中雅砻江为 4.78 kg/(船·d)、横江为 3.13 kg/(船·d)、岷江(含大渡河)为 1.71 kg/(船·d)、沱江为 8.02 kg/（船·d）、赤水河为 5.60 kg/（船·d）、嘉陵江为 10.40 kg/（船·d）、乌江为 3.18 kg/（船·d）、汉江为 9.23 kg/（船·d）（图 4.1）。

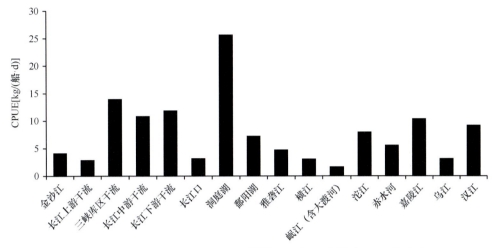

图 4.1　长江专项各流域平均单位捕捞努力量渔获量（CPUE）分布

其他经济物种调查结果显示，洞庭湖克氏原螯虾 CPUE 为 2.65 kg/（船·d），长江口中华绒螯蟹亲蟹 CPUE 为 0.96 kg/（船·d）。

各流域中，两湖的平均 CPUE 最大，其中洞庭湖平均 CPUE 为 25.69 kg/（船·d），鄱阳湖为 7.29 kg/（船·d）；长江干流中以三峡库区干流最大，为 14.00 kg/（船·d），其次为长江下游干流，为 11.94 kg/(船·d)；各大支流中以嘉陵江最大，为 10.40 kg/（船·d），其次为汉江，为 9.23 kg/（船·d）。各流域具体 CPUE 情况如下。

金沙江流域平均 CPUE 为 4.16 kg/（船·d），以巧家断面最高，为 4.71 kg/（船·d），奔子栏断面最低，为 3.61 kg/（船·d）。

雅砻江流域平均 CPUE 为 4.78 kg/（船·d），以锦屏站位最高，为 6.12 kg/（船·d），金河站位最低，为 3.83 kg/（船·d）；全区域夏季平均 CPUE 为 4.85 kg/（船·d），以雅江站位最高，为 6.18 kg/（船·d），金河站位最低，为 4.30 kg/（船·d）；全区域秋季平均 CPUE 为 4.71 kg/（船·d），以锦屏站位最高，为 7.12 kg/（船·d），金河站位最低，为 3.19 kg/（船·d）。

横江流域平均 CPUE 为 3.13 kg/（船·d）。

岷江（含大渡河）流域平均 CPUE 为 1.71 kg/（船·d），各站位平均 CPUE 以乐山站位最高，为 2.90 kg/（船·d），其次为双江口站位，为 1.56 kg/（船·d），松潘站位最低，仅 0.66 kg/（船·d）。

2017～2020 年在长江上游干流宜宾—重庆江段调查发现，全流域的平均 CPUE 为 2.91 kg/（船·d），巴南为 3.86 kg/（船·d），江津为 2.78 kg/（船·d），合江为 3.29 kg/（船·d），泸州为 2.75 kg/（船·d），宜宾为 1.85 kg/（船·d），结果显示，巴南平均 CPUE 最高，宜宾平均 CPUE 最低。

赤水河流域平均 CPUE 为 5.60 kg/（船·d），其中镇雄县江段为 2.90 kg/（船·d），赤水镇江段为 4.90 kg/（船·d），赤水市江段为 6.10 kg/（船·d），合江县江段为 8.50 kg/（船·d），平均 CPUE 随着河流向下游延伸而逐渐增加。

沱江流域平均 CPUE 为 8.02 kg/（船·d），资阳站位和内江站位的平均 CPUE 分别为 7.45 kg/（船·d）和 8.58 kg/（船·d），在调查期间两个站位的平均 CPUE 没有太大差异。

三峡库区干流平均 CPUE 为 14.00 kg/（船·d），其中木洞、涪陵和万州 3 个站位的平均 CPUE 分别为 17.10 kg/（船·d）、15.71 kg/（船·d）和 14.41 kg/（船·d）。

嘉陵江流域平均 CPUE 为 10.40 kg/（船·d），其中南充、广元和合川 3 个站位的平均 CPUE 分别为 11.10 kg/（船·d）、13.70 kg/（船·d）和 6.4 kg/（船·d）。

汉江流域平均 CPUE 为 9.23 kg/（船·d），其中汉中江段为 2.90 kg/（船·d），老河口江段为 18.18 kg/（船·d），钟祥江段为 6.60 kg/（船·d）。

长江中游流域平均 CPUE 为 10.92 kg/（船·d），以 2017 年最高，平均 CPUE 为 11.37 kg/（船·d），2019 年最低，平均 CPUE 为 5.18 kg/（船·d）。全区域夏季平均 CPUE 为 1.70 kg/（船·d），瑞昌站位最高，为 6.69 kg/（船·d），洪湖站位最低，为 1.15 kg/（船·d）。全区域秋季平均 CPUE 为 7.63 kg/（船·d），武汉站位最高，为 33.76 kg/（船·d），瑞昌站位最低，为 0.97 kg/（船·d）。

长江下游流域平均 CPUE 为 11.94 kg/（船·d），不同站位间平均 CPUE 有所差别，其中当涂江段最高，为 31.14 kg/（船·d），安庆为 9.56 kg/（船·d），铜陵为 26.19 kg/（船·d），芜湖为 3.93 kg/（船·d），镇江为 6.28 kg/（船·d），靖江为 4.60 kg/（船·d），常熟最低，仅为 1.89 kg/（船·d）。

长江口流域平均 CPUE 为 3.22 kg/（船·d），捕捞产量较大的渔获物种有安氏白虾、焦河篮蛤、刀鲚、河蚬和葛氏长臂虾，其中夏季的平均 CPUE 最高，达 16.19 kg/（船·d），秋季次之，为 10.84 kg/（船·d），冬季和春季相差不大，分别为 8.26 kg/（船·d）和 8.20 kg/（船·d）。

洞庭湖流域平均 CPUE 为 25.69 kg/（船·d）；7 个调查站位汉寿、沅江、岳阳、湘阴（湘江入湖口）、万子湖（资水入湖口）、坡头（沅江入湖口）和安乡（澧水入湖口）的平均 CPUE 分别为 21.70 kg/（船·d）、22.80 kg/（船·d）、26.99 kg/（船·d）、27.20 kg/（船·d）、19.48 kg/（船·d）、26.59 kg/（船·d）和 24.43 kg/（船·d），其中湘阴与岳阳相对较高，万子湖相对最低。

鄱阳湖流域平均 CPUE 为 7.29 kg/（船·d），秋季都昌最高，夏季鄱阳、余干较高，但总体差距不大。

4.2 优 势 种

2017～2021年长江全流域渔业资源调查显示，各流域主要渔获物种类差异较大，在鱼类个体规格上也有较大差异。长江全流域主要经济鱼类以四大家鱼、鲤、鲫和鲇为主，个体规格显著高于其他鱼类，其中四大家鱼最大规格个体均达到10 kg以上，主要分布在三峡库区和两湖流域。长江干流中金沙江、长江口主要渔获物种类与其他江段有较大差异，金沙江以裂腹鱼类、圆口铜鱼及鳅科鱼类等为主，前两者个体相对较大，鳅科鱼类多为小型鱼类；长江口纯淡水型鱼类较少，与长江各水域鱼类组成有较大差异。总体上长江干流主要渔获物种类体长范围为0～500 mm，体重为0～500 g居多，多为个体中型鱼类，同种类间长江中下游鱼类个体较长江上游大。两湖中以定居性、静水性鱼类为主，在种类组成上存在一定差异，鱼类个体规格相比其他各水域更大，产量较高。长江各大支流主要渔获物种类组成也有所区别，在个体规格上也存在差异，支流中雅砻江、岷江、沱江、赤水河和嘉陵江鱼类个体较大，横江、乌江和汉江鱼类个体较小。

长江全流域优势种有鲤、鲫、鲢、黄颡鱼、短颌鲚、鲇等，渔获物数量比前十位依次为短颌鲚、黄颡鱼、鲫、鲤、光泽黄颡鱼、蛇鮈、鲇、餐、草鱼和鲢，质量比前十位分别为鲤、鲢、短颌鲚、鲇、鲫、光泽黄颡鱼、餐、草鱼、黄颡鱼和蛇鮈。长江干流渔获物质量比前五位依次为铜鱼、鲢、草鱼、鲤、鳙，其中金沙江为餐、圆口铜鱼、齐口裂腹鱼、短须裂腹鱼、鲫，长江上游干流为铜鱼、瓦氏黄颡鱼、吻鮈、鲤、蛇鮈，三峡库区干流为鲢、鲤、铜鱼、草鱼、光泽黄颡鱼，长江中游干流为铜鱼、鳙、鲢、鲤、鳊，长江下游干流为贝氏餐、鳊、鲫、中国花鲈、似鳊，长江口为安氏白虾、刀鲚、河蚬、焦河篮蛤、葛氏长臂虾（表4.2）。

表 4.2 2017～2021年长江专项各流域渔获物组成

流域	数量比前十位	质量比前十位
长江全流域	短颌鲚、黄颡鱼、鲫、鲤、光泽黄颡鱼、蛇鮈、鲇、餐、草鱼、鲢	短颌鲚、黄颡鱼、鲫、鲤、光泽黄颡鱼、蛇鮈、鲇、餐、草鱼、鲢
金沙江	餐、圆口铜鱼、待鉴定高原鳅、齐口裂腹鱼、高体鳑鲏、短须裂腹鱼、贝氏高原鳅、鲫、细尾高原鳅、短体副鳅	餐、圆口铜鱼、齐口裂腹鱼、短须裂腹鱼、鲫、长丝裂腹鱼、细鳞裂腹鱼、鲈鲤、鲇、鳙
长江上游干流	蛇鮈、瓦氏黄颡鱼、鲫、餐、吻鮈、光泽黄颡鱼、中华纹胸鮡、黄颡鱼、铜鱼、切尾拟鲿	铜鱼、瓦氏黄颡鱼、吻鮈、鲤、蛇鮈、鲫、圆口铜鱼、圆筒吻鮈、草鱼、鲇
三峡库区干流	光泽黄颡鱼、银鮈、蛇鮈、贝氏餐、似鳊、圆筒吻鮈、瓦氏黄颡鱼、铜鱼、短颌鲚、草鱼	鲢、鲤、铜鱼、草鱼、光泽黄颡鱼、圆筒吻鮈、长吻鮠、鲫、蛇鮈、瓦氏黄颡鱼
长江中游干流	光泽黄颡鱼、铜鱼、贝氏餐、银鮈、瓦氏黄颡鱼、鲫、大眼鳜、鳜、银鮈、鳊	铜鱼、鳙、鲢、鲤、鳊、青鱼、草鱼、鳜、银鮈、南方鲇

续表

流域	数量比前十位	质量比前十位
长江下游干流	鲢、似鳊、贝氏䱗、鲤、鳙、光泽黄颡鱼、刀鲚、银鮈、鳊、鲫	贝氏䱗、鳊、鲫、中国花鲈、似鳊、细鳞斜颌鲴、鲢、鲂、蛇鮈、鳜
长江口	安氏白虾、葛氏长臂虾、焦河篮蛤、刀鲚、河蚬、拉氏狼牙虾虎鱼、脊尾白虾、狭额绒螯蟹、日本沼虾、睛尾蝌蚪虾虎鱼	安氏白虾、刀鲚、河蚬、焦河篮蛤、葛氏长臂虾、三疣梭子蟹、光泽黄颡鱼、拉氏狼牙虾虎鱼、中国花鲈、长吻鮠
洞庭湖	䱗、黄颡鱼、鲫、克氏原螯虾、鮈类、鲢、鲌类、短颌鲚、鲤、鳊	鲤、鲌、鳊、鲢、鲫、鳡、黄颡鱼、䱗、草鱼、鳜
鄱阳湖	黄颡鱼、鲫、鲇、鳜、短颌鲚、鲤、翘嘴鲌、鲂、鲢和草鱼	鲤、鲇、黄颡鱼、鳜、鲫、翘嘴鲌、鲂、鳙、鲢、短颌鲚
雅砻江	短须裂腹鱼、䱗、长丝裂腹鱼、凹尾拟鲿、中华纹胸鮡、细体拟鲿、齐口裂腹鱼、中华金沙鳅、四川裂腹鱼、细鳞裂腹鱼	短须裂腹鱼、长丝裂腹鱼、鲤、齐口裂腹鱼、圆口铜鱼、四川裂腹鱼、细鳞裂腹鱼、鲇、鳙、鲫
横江	短须裂腹鱼、裸腹片唇鮈、蛇鮈、云南盘鮈、犁头鳅、中华金沙鳅、横纹南鳅、中华纹胸鮡、异鳔鳅鮀、安氏高原鳅	短须裂腹鱼、缺须墨头鱼、蛇鮈、白甲鱼、云南盘鮈、瓦氏黄颡鱼、异鳔鳅鮀、铜鱼、中华金沙鳅、裸腹片唇鮈
岷江（含大渡河）	短体副鳅、福建纹胸鮡、白缘鰑、切尾拟鲿、蛇鮈、贝氏高原鳅、宜昌鳅鮀、粗唇鮠、黄石爬鮡、齐口裂腹鱼	鲤、齐口裂腹鱼、重口裂腹鱼、草鱼、南方鲇、吻鮈、鳙、蛇鮈、斑点叉尾鮰、翘嘴鲌
沱江	鲤、草鱼、翘嘴鲌、圆吻鲴、蒙古鲌、鲫、大鳍鱊、张氏䱗、黄尾鲴、花鲭	鲤、草鱼、翘嘴鲌、圆吻鲴、蒙古鲌、鲫、大鳍鱊、张氏䱗、黄尾鲴、花鲭
赤水河	瓦氏黄颡鱼、唇鲭、粗唇鮠、大鳍鱊、蛇鮈、宽鳍鱲、斑点蛇鮈、光泽黄颡鱼、切尾拟鲿、花鲭	瓦氏黄颡鱼、大鳍鱊、中华倒刺鲃、粗唇鮠、蒙古鲌、唇鲭、白甲鱼、鲤、蛇鮈、斑点蛇鮈
嘉陵江	蛇鮈、光泽黄颡鱼、鲫、似鳊、张氏䱗、䱗、黄尾鲴、大鳍鱊、翘嘴鲌、鲤	鲤、鳙、鲫、草鱼、黄尾鲴、鲢、翘嘴鲌、蛇鮈、蒙古鲌、方氏鲴
乌江	䱗、马口鱼、蛇鮈、罗非鱼、云南光唇鱼、鲫、泥鳅、宽鳍鱲、褐吻鰕虎鱼、宽口光唇鱼	中华倒刺鲃、罗非鱼、蛇鮈、鲫、䱗、鲢、杂交鲟、云南光唇鱼、鳙、马口鱼
汉江	鲫、子陵吻虾虎鱼、黄尾鲴、黄鲴、蛇鮈、麦穗鱼、中华鳑鲏、泥鳅、中华花鳅、嘉陵颌须鮈	鲤、黄尾鲴、鲢、赤眼鳟、鲫、细鳞斜颌鲴、子陵吻虾虎鱼、似鳊、泥鳅、中华鳑鲏

　　两湖渔获物质量比前五位依次为鲤、鲇、其他鲌类、黄颡鱼、鲫，其中洞庭湖为鲤、鲌、鳊、鲢、鲫，鄱阳湖为鲤、鲇、黄颡鱼、鳜、鲫。

　　长江各大支流中渔获物质量比前五位依次为鲤、黄尾鲴、鲫、蛇鮈、鲢，其中雅砻江为短须裂腹鱼、长丝裂腹鱼、鲤、齐口裂腹鱼和圆口铜鱼，横江为短须裂腹鱼、缺须墨头鱼、蛇鮈、白甲鱼、云南盘鮈，岷江（含大渡河）为鲤、齐口裂腹鱼、重口裂腹鱼、草鱼、南方鲇，沱江为鲤、草鱼、翘嘴鲌、圆吻鲴、蒙古鲌，赤水河为瓦氏黄颡鱼、大鳍鱊、中华倒刺鲃、粗唇鮠、蒙古鲌，嘉陵江为鲤、鳙、鲫、草鱼、黄尾鲴，乌江为中华倒刺鲃、罗非鱼、蛇鮈、鲫、鳘。

各江段优势种、数量比和质量比具体如下（表4.3）。

金沙江渔获物中优势种有4种，分别为短须裂腹鱼、圆口铜鱼、鳘和齐口裂腹鱼，渔获物数量比前十位依次为鳘、圆口铜鱼、待鉴定高原鳅、齐口裂腹鱼、高体鳅鲅、短须裂腹鱼、贝氏高原鳅、鲫、细尾高原鳅、短体副鳅，质量比前十位依次为鳘、圆口铜鱼、齐口裂腹鱼、短须裂腹鱼、鲫、长丝裂腹鱼、细鳞裂腹鱼、鲈鲤、鲇、鳙。雅砻江渔获物中优势种为短须裂腹鱼、长丝裂腹鱼、鳘和鲤，渔获物数量比前十位依次为短须裂腹鱼、鳘、长丝裂腹鱼、凹尾拟鲿、中华纹胸鳅、细体拟鲿、齐口裂腹鱼、中华金沙鳅、四川裂腹鱼、细鳞裂腹鱼，质量比前十位依次为短须裂腹鱼、长丝裂腹鱼、鲤、齐口裂腹鱼、圆口铜鱼、四川裂腹鱼、细鳞裂腹鱼、鲇、鳙、鲫。

横江渔获物中优势种为短须裂腹鱼、裸腹片唇鮠和云南盘鮈，渔获物数量比前十位依次为短须裂腹鱼、裸腹片唇鮠、蛇鮈、云南盘鮈、犁头鳅、中华金沙鳅、横纹南鳅、中华纹胸鳅、异鳔鳅鲅、安氏高原鳅，质量比前十位依次为短须裂腹鱼、缺须墨头鱼、蛇鮈、白甲鱼、云南盘鮈、瓦氏黄颡鱼、异鳔鳅鲅、铜鱼、中华金沙鳅、裸腹片唇鮠。

岷江（含大渡河）渔获物中优势种为鲤和齐口裂腹鱼，渔获物数量比前十位依次为短体副鳅、福建纹胸鳅、白缘䱀、切尾拟鲿、蛇鮈、贝氏高原鳅、宜昌鳅鲅、粗唇鮠、黄石爬鳅、齐口裂腹鱼，质量比前十位依次为鲤、齐口裂腹鱼、重口裂腹鱼、草鱼、南方鲇、吻鮈、鳙、蛇鮈、斑点叉尾鲴、翘嘴鲌。

长江上游干流渔获物中优势种有6种，分别为蛇鮈、铜鱼、瓦氏黄颡鱼、鲤、鲫和吻鮈。渔获物数量比前十位依次为蛇鮈、瓦氏黄颡鱼、鲫、鳘、吻鮈、光泽黄颡鱼、中华纹胸鳅、黄颡鱼、铜鱼、切尾拟鲿，约占总渔获量的52.84%，质量比前十位依次为铜鱼、瓦氏黄颡鱼、吻鮈、鲤、蛇鮈、鲫、圆口铜鱼、圆筒吻鮈、草鱼、鲇，约占总渔获量的64.35%。

赤水河渔获物中优势种为瓦氏黄颡鱼和唇䱻，渔获物数量比前十位依次为瓦氏黄颡鱼、唇䱻、粗唇鮠、大鳍鳠、蛇鮈、宽鳍鱲、斑点蛇鮈、光泽黄颡鱼、切尾拟鲿和花䱻，渔获物质量比前十位依次为瓦氏黄颡鱼、大鳍鳠、中华倒刺鲃、粗唇鮠、蒙古鲌、唇䱻、白甲鱼、鲤、蛇鮈和斑点蛇鮈。

沱江渔获物中优势种为蛇鮈、鲤、草鱼，占总种数的3.41%，相对重要性指数（index of relative importance，IRI）分别为1199、1098、1062；亚优势种有鲫、圆吻鲴、银鮈等10种，占11.36%；伴生种有黄尾鲴、四川华鳊、鳜等12种，占13.64%；其他鱼类为偶见种。渔获物数量比前十位依次为鲤、草鱼、翘嘴鲌、圆吻鲴、蒙古鲌、鲫、大鳍鳠、张氏鳘、黄尾鲴、花䱻，质量比前十位依次为鲤、草鱼、翘嘴鲌、圆吻鲴、蒙古鲌、鲫、大鳍鳠、张氏鳘、黄尾鲴、花䱻。

乌江渔获物中优势种为马口鱼和鲫，常见种有云南光唇鱼、泥鳅、宽鳍鱲、麦穗鱼等。根据调查，乌江渔获物数量比前十位依次为鳘、马口鱼、蛇鮈、罗非鱼、云南光唇鱼、鲫、泥鳅、宽鳍鱲、褐吻鰕虎鱼和宽口光唇鱼，质量比前十位依次为中华倒刺鲃、罗非鱼、蛇鮈、鲫、鳘、鲢、杂交鲟、云南光唇鱼、鳙和马口鱼。

表 4.3　长江流域鱼类体长、体重

种类	金沙江 平均体长(mm)	金沙江 体长范围(mm)	金沙江 平均体重(g)	金沙江 体重范围(g)	长江上游 平均体长(mm)	长江上游 体长范围(mm)	长江上游 平均体重(g)	长江上游 体重范围(g)	三峡库区干流 平均体长(mm)	三峡库区干流 体长范围(mm)	三峡库区干流 平均体重(g)	三峡库区干流 体重范围(g)	长江中游 平均体长(mm)	长江中游 体长范围(mm)	长江中游 平均体重(g)	长江中游 体重范围(g)	长江下游 平均体长(mm)	长江下游 体长范围(mm)	长江下游 平均体重(g)	长江下游 体重范围(g)	长江口 平均体长(mm)	长江口 体长范围(mm)	长江口 平均体重(g)	长江口 体重范围(g)
鲤	114	35~273	55.7	1.7~647.2	123	13~555	135	1.1~4188	226	30~720	655	0.7~9250	304	15~855	1495	0.1~9750	327	266.53~426	858	412.8~1840				
鲫					90	4~415	40.2	0.49~1300	123	30~531	117	0.6~3500	114	21~730	88.1	0.1~3797.7	115	37.2~159.01	48.6	1~128.5				
鲢	381	318~524	1174	585~2550.7	127	25~730	122	0.1~3250	408	35~850	1866	0.6~11500	439	38~860	2217	3.2~10900	251	141.89~618	309	33.6~3920				
草鱼					162.24	13~592	225	1~3900	202	32~900	326	0.7~12500												
鳙					100	2~418	64.1	0.5~1293.3	305	25~640	1051	0.3~5750					516		2200					
青鱼					205	88~337	141	10.9~326									163		68					
鳘					56.8	44~76	2.13	0.7~8.7	191	43~316	170	1.5~775	196	40~500	199	1.24~3500								
鳜					134	40~325	72.2	1.3~666.7	180	49~554	89.6	3.2~1395					272	272~272	184	184.2~184.2				
鮊	258	54~1000	381	1.4~8500	173	21~650	102	0.99~5106.8	101	30~191	12.4	0.4~99.4	91.8	11~335	8.48	0.1~340	148	99.69~184	61.1	17.4~93.2				
黄颡鱼					118	11~560	32.3	0.3~470									103	65.14~140.12	15.6	2.8~182	97.6	29~136	16.5	0.31~28.62
光泽黄颡鱼					102	10~330	18.2	0.5~705																

续表

种类	金沙江				长江上游				三峡库区干流				长江中游				长江下游				长江口			
	平均体长(mm)	体长范围(mm)	平均体重(g)	体重范围(g)	平均体长(mm)	体长范围(mm)	平均体重(g)	体重范围(g)	平均体长(mm)	体长范围(mm)	平均体重(g)	体重范围(g)	平均体长(mm)	体长范围(mm)	平均体重(g)	体重范围(g)	平均体长(mm)	体长范围(mm)	平均体重(g)	体重范围(g)	平均体长(mm)	体长范围(mm)	平均体重(g)	体重范围(g)
瓦氏黄颡鱼	130	97~200	29.3	12.82~109.9	133	9.3~365	46.6	0.5~499.5	145	40~405	65.6	0.8~550	146	35~400	57.7	0.1~735								
大鳍鳠					159	52~339	50.8	1.74~321.4																
翘嘴鲌					154	15~430	76.8	0.74~1050	293	60~641	353	1.9~4500					95.6	52.24~153.94	13.7	0.8~40.8				
鳘					110	11~313	20.5	0.5~317.5					107	7~255	16	2.39~163.3	95.1	65.41~136.789	10.3	3~21.1				
似鳊					111	42~165	25.5	1.7~80.8	91	45~161	12.3	1.3~87.8	103	9~185	19	0.5~179	106	11.17~1120.67	22.7	1.6~306				
短颌鲚													192	12~354	30.3	137~237								
刀鲚																	162	62.39~7357	7.59	0.7~104	53	32~74	3.92	0.62~7.22
黄尾鲴					127	59~195	99.6	2.6~196.5									134	134~134	34.5	34.5~34.5				
鳊					141	56~412	157	2.6~1412					255	35~500	299	1~2600	171	82.02~253.89	125	6.2~332.9	96.6	34~245	2.81	0.19~42.55
铜鱼					257	23~420	256	12.3~1150	254	20~368	234	2.0~732	256	26~426	230	5.86~1050.3								

续表

种类	金沙江				长江上游				三峡库区干流				长江中游				长江下游				长江口			
	平均体长(mm)	体长范围(mm)	平均体重(g)	体重范围(g)	平均体长(mm)	体长范围(mm)	平均体重(g)	体重范围(g)	平均体长(mm)	体长范围(mm)	平均体重(g)	体重范围(g)	平均体长(mm)	体长范围(mm)	平均体重(g)	体重范围(g)	平均体长(mm)	体长范围(mm)	平均体重(g)	体重范围(g)	平均体长(mm)	体长范围(mm)	平均体重(g)	体重范围(g)
蛇鮈	104					6~340	15.6	0.7~820.3	103	42~196	13.5	0.3~80.7	106	13.8~292	15.4	0.1~271.8	57.3	41.15~224.08	4.22	0.6~100.9				
银鮈	79.7					19~588	14.1	0.6~1681	74	15~133	6.5	0.6~53.4	188	25~309	127	7.8~489.5	73.9	51.57~125.4	6.28	0.9~15.2				

种类	洞庭湖				鄱阳湖				雅砻江				横江				岷江（含大渡河）			
	平均体长(mm)	体长范围(mm)	平均体重(g)	体重范围(g)	平均体长(mm)	体长范围(mm)	平均体重(g)	体重范围(g)	平均体长(mm)	体长范围(mm)	平均体重(g)	体重范围(g)	平均体长(mm)	体长范围(mm)	平均体重(g)	体重范围(g)	平均体长(mm)	体长范围(mm)	平均体重(g)	体重范围(g)
鲤	333				321	120~740	1396	63~9800	316	133~463	1136	48.5~3577.1					349	205~558	1402	212.8~5500
鲫					111	69~165	44.9	14~123	167	65~231	161	8.2~381.1					166	107~237	196	50.6~452.1
鲢					339	100~706	1315	16~6560	323	241~448	693	283.1~1630					283	90~445	965	11.7~1748.3
草鱼		155~800	897	78.7~6500	298	200~650	680	171~4650	201	145~610	397	12.5~3965					412	173~510	1669	816.3~3000
鳙					573	107~894	4722	25~12610	234	185~281	318	138~502.6					354	325~373	1007	758.8~1500
青鱼					403	93~1130	3428	15~27400	432	295~655	725	190.8~2600					430	430	1628	16~28
鳜					164	60~320	169	4~1019												
鮊					257	165~440	161	43~658									265		147	

续表

种类	洞庭湖				鄱阳湖				雅砻江				横江				岷江（含大渡河）			
	平均体长 (mm)	体长范围 (mm)	平均体重 (g)	体重范围 (g)	平均体长 (mm)	体长范围 (mm)	平均体重 (g)	体重范围 (g)	平均体长 (mm)	体长范围 (mm)	平均体重 (g)	体重范围 (g)	平均体长 (mm)	体长范围 (mm)	平均体重 (g)	体重范围 (g)	平均体长 (mm)	体长范围 (mm)	平均体重 (g)	体重范围 (g)
黄颡鱼					132	110~165	40.2	26~69									185	132~288	107	24.8~267
光泽黄颡鱼													119	93.3~150.6	9.2	4.1~15.2				
瓦氏黄颡鱼													134	106.8~197	20	8.2~68.7	88	74~107	10.6	6.7~15.8
翘嘴鲌	271	75~700	305	5.2~4500					217	129~515	169	22.9~1494.1					304	104~480	422	15.5~1520.1
鳘	101	58~180	14	2~44.7					125	72~191	27.1	4.1~82.9					160	106~193	58.5	13.3~97.9
短颌鲚	469	15.9~2360	54	3.5~291.7	168	98~265	20.7	4~82												
鲂					206	140~290	169	51~397												
铜鱼	191	152~272	99	50.2~276.8																
蛇鮈	110	72~190	14	3.1~77.6	208	85~461	303	15~1699					131	63.2~172	14	1.8~34.3	128	62~178	23.7	4.1~63.1
鲤	276	88~570	764	16.2~2230					237	70~640	626	7~10520					22	2.5~65	519	0.8~4580
鲫	123	65~180	50	6.8~155.1					151	59~425	144	7~2151	10	3.4~19.3	47	3.2~174	13	0.6~50	77	0.1~3400

续表

种类	沱江				赤水河				嘉陵江				乌江				汉江			
	平均体长(mm)	体长范围(mm)	平均体重(g)	体重范围(g)	平均体长(mm)	体长范围(mm)	平均体重(g)	体重范围(g)	平均体长(mm)	体长范围(mm)	平均体重(g)	体重范围(g)	平均体长(mm)	体长范围(mm)	平均体重(g)	体重范围(g)	平均体长(mm)	体长范围(mm)	平均体重(g)	体重范围(g)
鲢	436	153~786	824	50.6~2677					444	184~640	1583	109~4590					22	2.5~65	519	0.8~4580
草鱼					304	158~540	779	69~4400	380	106~721	1287	26~6545								
鳙									542	205~892	3308	169~12650								
鳜	129	65~205	80	6~174.2													13	0.6~50	77	0.1~3400

种类	沱江				赤水河				嘉陵江				乌江				汉江			
	平均体长(mm)	体长范围(mm)	平均体重(g)	体重范围(g)	平均体长(mm)	体长范围(mm)	平均体重(g)	体重范围(g)	平均体长(mm)	体长范围(mm)	平均体重(g)	体重范围(g)	平均体长(mm)	体长范围(mm)	平均体重(g)	体重范围(g)	平均体长(mm)	体长范围(mm)	平均体重(g)	体重范围(g)
鲤	276	88~570	764	16.2~2230	208	85~461	303	15~1699	237	70~640	626	7~10520					22	2.5~65	519	0.8~4580
鲫	123	65~180	50	6.8~155.1					151	59~425	144	7~2151	10	3.4~19.3	47	3.2~174	13	0.6~50	77	0.1~3400
鲢	436	153~786	824	50.6~2677					444	184~640	1583	109~4590								
草鱼					304	158~540	779	69~4400	380	106~721	1287	26~6545								
鳙									542	205~892	3308	169~12650								
鳜	129	65~205	80	6~174.2																

续表

种类	沱江				赤水河				嘉陵江				乌江				汉江			
	平均体长 (mm)	体长范围 (mm)	平均体重 (g)	体重范围 (g)	平均体长 (mm)	体长范围 (mm)	平均体重 (g)	体重范围 (g)	平均体长 (mm)	体长范围 (mm)	平均体重 (g)	体重范围 (g)	平均体长 (mm)	体长范围 (mm)	平均体重 (g)	体重范围 (g)	平均体长 (mm)	体长范围 (mm)	平均体重 (g)	体重范围 (g)
鲇	115	55~213	74	5~186.5													20	2.3~54	96	1.5~1516.7
黄颡鱼	108	81~112	20	10~242	151	72~220	65	9~160					12	5.4~18.9	40	4~105	14	4.2~19.8	42	1.5~158.7
光泽黄颡鱼	108	64~237	13	4~156																
瓦氏黄颡鱼						61~365		3~533												
大鳍鳠	160	83~342	48	6.8~280	151	72~220	65	9~160												
翘嘴鲌	216	74~400	131	5~557.1					243	99~633	242	10~3 495								
鳘	107	65~235	13	3~158													11	1.8~39.5	18	0.74~108.8
似鳊																	13	6.2~17.5	46	3.5~114
黄尾鲴	180	64~242	91	5~168					182	121~412	180	24~1 431								
蛇鮈	96	98~155	10	3~38	133	62~209	27	3~88	147	92~244	34	7~50					11	3.2~20.6	15	0.4~115
银鮈	82	62~117	7.1	44 307																

注：空白表示无数据

嘉陵江渔获物中优势种为蛇鮈、鲤、鲫、鳙和光泽黄颡鱼，常见种有草鱼、鲢、似鳊、黄尾鲴、翘嘴鲌、蒙古鲌等，渔获物数量比前十位依次为蛇鮈、光泽黄颡鱼、鲫、似鳊、张氏鳘、鳘、黄尾鲴、大鳍鳠、翘嘴鲌和鲤，质量比前十位依次为鲤、鳙、鲫、草鱼、黄尾鲴、鲢、翘嘴鲌、蛇鮈、蒙古鲌和方氏鲴。

三峡库区干流渔获物中优势种为虾、鲢、鲤和铜鱼，常见种有光泽黄颡鱼、草鱼、蛇鮈、银鮈等，渔获物数量比前十位依次为光泽黄颡鱼、银鮈、蛇鮈、贝氏鳘、似鳊、圆筒吻鮈、瓦氏黄颡鱼、铜鱼、短颌鲚、草鱼，质量比前十位依次为鲢、鲤、铜鱼、草鱼、光泽黄颡鱼、圆筒吻鮈、长吻鮠、鲫、蛇鮈、瓦氏黄颡鱼。

长江中游干流渔获物中优势种为铜鱼、光泽黄颡鱼、鲢和鲤，鳊、鳜、瓦氏黄颡鱼等为常见种，渔获物数量比前十位依次为光泽黄颡鱼、铜鱼、贝氏鳘、银鮈、瓦氏黄颡鱼、鲫、大眼鳜、鳜、银鲴、鳊，质量比前十位依次为铜鱼、鳙、鲢、鲤、鳊、青鱼、草鱼、鳜、银鲴、南方鲇。

汉江渔获物中优势种有5种，为黄尾鲴、鲫、鲤、子陵吻虾虎鱼和鲢，常见种有蛇鮈、麦穗鱼、黄黝鱼等，渔获物数量比前十位为鲫、子陵吻虾虎鱼、黄尾鲴、黄黝、蛇鮈、麦穗鱼、中华鳑鲏、泥鳅、中华花鳅、嘉陵颌须鮈，质量比前十位依次为鲤、黄尾鲴、鲢、赤眼鳟、鲫、细鳞斜颌鲴、子陵吻虾虎鱼、似鳊、泥鳅、中华鳑鲏。

长江下游干流渔获物中优势种有5种，分别为鲢、似鳊、贝氏鳘、鲤和鳊，常见种有鲫、光泽黄颡鱼、刀鲚等，渔获物数量比前十位依次为鲢、似鳊、贝氏鳘、鲤、鳙、光泽黄颡鱼、刀鲚、银鮈、鳊和鲫，质量比前十位依次为贝氏鳘、鳊、鲫、中国花鲈、似鳊、细鳞斜颌鲴、鲢、鲂、蛇鮈和鳜。

长江口渔获物中优势种为安氏白虾、刀鲚、河蚬和中国花鲈，其中安氏白虾IRI值高达7091（表4.4），渔获物数量比前十位依次为安氏白虾、葛氏长臂虾、焦河篮蛤、刀鲚、河蚬、拉氏狼牙虾虎鱼、脊尾白虾、狭额绒螯蟹、日本沼虾和晴尾蝌蚪虾虎鱼，质量比前十位依次为安氏白虾、刀鲚、河蚬、焦河篮蛤、葛氏长臂虾、三疣梭子蟹、光泽黄颡鱼、拉氏狼牙虾虎鱼、中国花鲈和长吻鮠。

洞庭湖渔获物中优势种为鲤、鳘、黄颡鱼、鲫、鲌类和鮈类，鳊、克氏原螯虾、鲢等为水域常见种，渔获物数量比前十位（表4.5）依次为鳘、黄颡鱼、鲫、克氏原螯虾、鮈类、鲢、鲌类、短颌鲚、鲤和鳊，质量比前十位依次为鲤、鲌、鳊、鲢、鲫、鳡、黄颡鱼、鳘、草鱼和鳜。

鄱阳湖渔获物中优势种为鲤、鲇、黄颡鱼、鲫、鳜，常见种有短颌鲚、翘嘴鲌、鲂、鲢、鳙等，渔获物数量比前十位依次为黄颡鱼、鲫、鲇、鳜、短颌鲚、鲤、翘嘴鲌、鲂、鲢和草鱼，质量比前十位依次为鲤、鲇、黄颡鱼、鳜、鲫、翘嘴鲌、鲂、鳙、鲢、短颌鲚。

表 4.4 2017～2021 年长江专项各流域渔获物相对重要性指数（IRI）

种类	长江全流域	金沙江	长江上游	三峡库区	长江中游	长江下游	长江口	洞庭湖	鄱阳湖	雅砻江	横江	岷江	沱江	赤水河	嘉陵江	乌江	汉江
鲤	2052	35	1426	1221	1104	1152		1568	4648	1118		2829	1098	79	1995	116	1945
鲫	958	181	1175	317	303	907		1500	2815	530		317	777		1758		2826
鲢	887	5	366	1956	1498	3154		692	416	61		28			766		1517
黄颡鱼	705		572		215			1530	3974	44		64	34	98	171	124	
短颌鲚	645							356	866								
鲇	608	23	396						4054	639		48	47	70	118		
蛇鮈	415		2196	600	195	452					796	231	1199	206	2965		687
草鱼	406	126	338	616	506			363	99	10		232	1062	64	901		
光泽黄颡鱼	356		541	945	2659	554	524			1			294		1142		
鳌	284	1405	674		75			1540		1280		126	537		399		96
鳜	254			118					1720	51	98	11	63		0		
铜鱼	198		1845	1053	4561	3005						3					
翘嘴鲌	168			235						132		153	557		658		
鳊	167				595	1084		953		11							
鳙	143	378		237		75			176	142		233			1187		
刀鲚	90					517	2068										
似鳊	76			225									97				
黄尾鲴	68														848		147
瓦氏黄颡鱼	68	106	1691	310	375					78	245	8		1312	668		3218
银鮈	42				319	443							645				

续表

种类	长江全流域	长江上游	三峡库区	长江中游	长江下游	长江口	洞庭湖	鄱阳湖	雅砻江	横江	岷江	沱江	赤水河	嘉陵江	乌江	汉江
大鳍鱊	27	248										513	854	490		
鲂	13							439								
安氏白虾	9					7091										
鳡	8		119				395									
葛氏长臂虾	2					520										
青虾	2							28	6		7					
河蚬	1					1250										

注：空白代表无数据

表 4.5　2017～2021 年长江专项各流域渔获物数量比和质量比（%）

种类	长江全流域		金沙江		长江上游		三峡库区		长江中游		长江下游		长江口		洞庭湖		鄱阳湖	
	数量比	质量比	数量比	质量比	数量比	质量比	数量比	质量比	数量比	质量比	数量比	质量比	数量比	质量比	数量比	质量比	数量比	质量比
鲤	5.65	16.29	0.09	0.98	4.52	12.58	0.18	12.13	1.41	6.72	5.5	1.77			4.26	11.41	4.92	41.56
鲫	6.77	4.42	1.9	0.83	4.73	3.87	0.25	2.92	2.4	0.63	1.56	6.17			9.56	5.62	21.55	6.61
鲢	2.80	7.83	0.02	0.16	2.33	2.35	0.1	19.46	1.12	13.86	16.1	3.94			9.11	15.07	0.44	3.73
草鱼	3.03	1.91	0.27	3.51	2.5	7.69	0.17	5.99	0	0	0.07	2.65			0.53	3.17	0.15	0.85
鳙	0.52	1.48	0.81	10.54	4.05	0.59	0.02	2.35	0	0	1.77	1.24					0.11	1.66
青鱼	0.02	0.14															0.01	0.28
鳜	0.02	0.56						1.19							0.42	2.39		

续表

种类	长江全流域		金沙江		长江上游		三峡库区		长江中游		长江下游		长江口		洞庭湖		鄱阳湖	
	数量比	质量比	数量比	质量比	数量比	质量比	数量比	质量比	数量比	质量比	数量比	质量比	数量比	质量比	数量比	质量比	数量比	质量比
鳜	2.38	3.56					0.06	1.12	2.36	2.7	0.26	3.93					9.78	7.42
鲇	3.86	5.63	0.07	0.28	1.45	8.17	0.04	0.93			0.02	2.31					19.38	21.17
黄颡鱼	7.38	3.60			3.18	1.66					3.59	2.83			7.73	3.08	31.24	8.51
光泽黄颡鱼	4.48	1.65			2.9	1.08	4.58	4.87	28.86	1.53	2.93	2.27	0.99	6.04				
瓦氏黄颡鱼	1.12	0.51	2.12	1.08	8.19	5.3	0.57	2.53	2.82	0.93								
大鳍鳠	0.63	0.35			0.76	0.88												
翘嘴鲌	1.57	1.44			5.37	2.07	0.06	2.29			0.63	1.67						
鲦	2.69	1.29	31.02	11.14	2.93	1.28			1.11	0.1	14.49	8.54			14.65	2.22		
似鳊	1.85	0.28					1.23	1.02	1.34	0.14					5.47	12.38		
其他鲌类	0.27	2.74					0.06	1.51										
短颌鲚	12.19	5.98					2.02	0.14	1.83	0.32	7.7	2.36			5.38	2.22	7.62	1.04
刀鲚	3.14	3.16											6.53	10.28				
黄尾鲴	1.21	0.70									0.28	1.8						
鳊	0.76	2.80							2.14	3.81	2.62	7.29			2.22	5.18	2.06	2.34
鲂	0.76	1.11			0.62	0.51												
铜鱼	1.73	4.02			1.9	8.96	0.42	10.11	19.65	25.96								
蛇鮈	3.69	1.22			10.63	3.23	3.21	2.79	1.8	0.15	1.87	2.85						
银鮈	0.86	0.43			0.7	1.83	3.56	1.91	3.51	0.14	2.09	5.37						
其他鮈类	0.32	0.23													6.82	1.07		
安氏白虾	1.33	0.01											45.63	14.96				
焦河篮蛤	0.58	0.01											20.06	12.05				

续表

种类	长江全流域		金沙江		长江上游		三峡库区		长江中游		长江下游		长江口		洞庭湖		鄱阳湖	
	数量比	质量比	数量比	质量比	数量比	质量比	数量比	质量比	数量比	质量比	数量比	质量比	数量比	质量比	数量比	质量比	数量比	质量比
河蚬	0.18	0.01											6.14	8.39				
葛氏长臂虾	0.38												13.1	5.18				
克氏原螯虾		1.79					0.18	12.13								8.26		

种类	雅砻江		横江		岷江		沱江		赤水河		嘉陵江		乌江		汉江	
	数量比	质量比	数量比	质量比	数量比	质量比	数量比	质量比	数量比	质量比	数量比	质量比	数量比	质量比	数量比	质量比
鲤	1.52	9.66			2.37	26.74	26.86	2.98	0.49	2.69	3.74	17.64	0.43	3.08	9.73	9.73
鲫	2.62	2.68			0.98	1.74	3.84	6.51			8.18	6.8	4.96	8.29	14.13	14.13
鲢	0.25	1.6			0.14	1.11			0.22	2.37	1.07	9.19	1.92	5.12	7.59	7.59
草鱼	0.03	0.29			0.55	5.2	26.73	2.75			1.86	9.7				
鳙	0.45	3.83			0.52	3.38					0.65	12	1.52	4.36		
青鱼	0.05	0.15			0.08	0.71		2.65								
鳜	0.51	1.04			0.17	0.52	1.51	1.27	0.73	2.09	0.33	1.15				
鲇	1.33	5.06			0.25	0.51	1.1	1.5	1.86	2.07	1.94	1.09	1.79	2.87		
黄颡鱼	0.87	0.45			1	0.85	0.35	3.12			11.56	1.37				
光泽黄颡鱼	0.02	0.02					0.47									
瓦氏黄颡鱼	1.75	0.61	3.1	4.25	0.25	0.17			11.7	14.54						
大鳍鳠									7.43	9.66	3.1	2.76				
翘嘴鲌	1.69	2.28			1.41	3.08	2.62	4.62			2.14	3.64				
鳘	11.22	1.58			5.04	1.65	6.23	4.04			3.56	1.04	15.91	4.23	0.48	0.48
似鳊							0.9	6			5.26	1.57			0.74	0.74

续表

种类	淮沱江		横江		岷江		沱江		赤水河		嘉陵江		乌江		汉江	
	数量比	质量比	数量比	质量比	数量比	质量比	数量比	质量比	数量比	质量比	数量比	质量比	数量比	质量比	数量比	质量比
黄尾鲴	0.11	0.23					2.04	1.85			4.19	6.41			16.09	16.09
鳊																
鲴鱼			0.22	2.73	0.02	0.22										
蛇鮈			11.95	11.95	10.63	2.66	1.32	11.05	5.67	2.6	26.2	4.24	21.07	14.37	3.44	3.44
银鮈							0.58	6.92								

注：空白表示无数据

4.3 资 源 量

通过单位捕捞努力量估算资源密度，长江全流域资源数量约为 8.87 亿尾，长江干流为 5.94 亿尾，其中金沙江为 900.28 万尾、长江上游干流为 928.17 万尾、三峡库区干流为 1.54 亿尾、长江中游干流为 0.4 亿尾、长江下游干流为 2.36 亿尾、长江口为 1.46 亿尾；两湖为 2.08 亿尾，其中洞庭湖为 0.59 亿尾、鄱阳湖为 1.49 亿尾；长江支流为 0.83 亿尾，其中雅砻江为 153.42 万尾、横江为 118.63 万尾、岷江（含大渡河）为 181.09 万尾、沱江为 194.93 万尾、赤水河为 187.91 万尾、嘉陵江为 2466.79 万尾、乌江为 2384.68 万尾、汉江为 2619.71 万尾（图 4.2，表 4.6）。

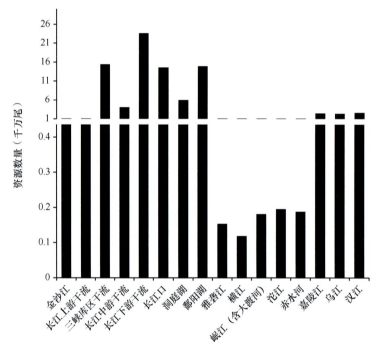

图 4.2　长江流域平均资源数量变化

长江全流域资源质量为 12.48 万 t，长江干流为 4.23 万 t，其中金沙江为 447.79 t、长江上游干流为 520.97 t、三峡库区干流为 1.50 万 t、长江中游干流为 0.94 万 t、长江下游干流为 1.34 万 t、长江口为 0.35 万 t；两湖为 7.84 万 t，其中洞庭湖为 3.12 万 t、鄱阳湖为 4.72 万 t；长江支流为 0.41 万 t，其中雅砻江为 202.67 t、横江为 32.03 t、岷江（含大渡河）为 230.29 t、沱江为 165.30 t、赤水河为 102.79 t、嘉陵江为 0.12 万 t、乌江为 589.01 t、汉江为 0.16 万 t（表 4.6）。

从鱼类资源数量密度分布来看，长江全流域平均资源数量密度为 5.47×10^{-3} 尾 /m³，其中汉江最高，为 10.34×10^{-3} 尾 /m³，长江下游干流次之，为 9.66×10^{-3} 尾 /m³，岷江（含大渡河）最低，为 0.69×10^{-3} 尾 /m³（图 4.3）。

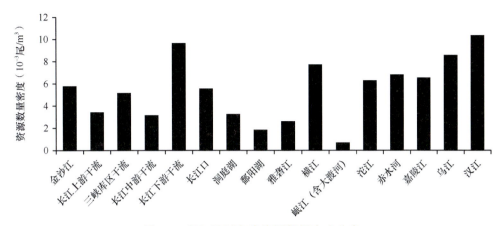

图 4.3　长江流域鱼类资源数量密度分布

从鱼类资源质量密度分布来看，长江全流域平均资源质量密度为 0.52×10^{-3} kg/m³，其中洞庭湖最高，为 1.71×10^{-3} kg/m³，三峡库区干流次之，为 0.93×10^{-3} kg/m³，岷江（含大渡河）最低，为 0.11×10^{-3} kg/m³（图 4.4）。

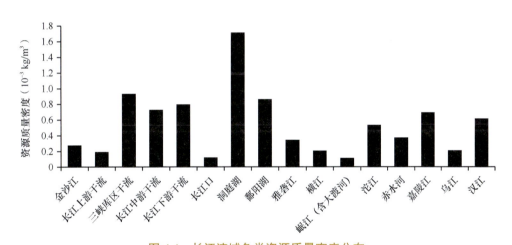

图 4.4　长江流域鱼类资源质量密度分布

表 4.6　长江渔业资源与环境调查鱼类资源总述

河流	站位	密度 （×10⁻³ kg/m³）	资源数量 （万尾）	区域总资源数量（万尾）	资源质量 （t）	区域总资源质量（t）	数据来源年份
金沙江	奔子栏	0.24	112.90	900.28	41.66	447.79	2018～2019 年
	攀枝花	0.28	142.88		80.01		
	巧家	0.31	644.51		326.12		

河流	站位	密度 (×10⁻³ kg/m³)	资源数量 (万尾)	区域总资源 数量(万尾)	资源质量 (t)	区域总资 源质量(t)	数据来 源年份
长江上游干流	宜宾	0.12	149.74	928.17	66.33	520.97	2017~2020 年
	泸州	0.18	207.15		98.60		
	合江	0.22	215.26		117.96		
	江津	0.19	135.99		99.68		
	巴南	0.26	220.04		138.40		
三峡库区干流	木洞	1.14	3 793.71	15 398.87	2 291.40	14 987.90	2018 年
	涪陵	1.05	5004.29		3 157.71		
	万州	0.96	938.08		4 827.35		
	巫山	0.59	5 662.79		4 711.44		
长江中游干流	宜昌	0.28	279.77	4 044.95	711.46	9 404.04	2017~2020 年
	石首	0.35	500.68		914.74		
	洪湖	0.25	349.81		639.11		
	武汉	2.25	2 471.62		5 815.72		
	湖口	0.51	443.07		1 323.01		
长江下游干流	安庆	0.64	796.09	23 616.92	1 537.25	13 441.26	2017~2019 年
	铜陵	1.75	6 024.82		4 211.35		
	芜湖	0.26	1236.68		631.94		
	当涂	2.08	11 406.18		5 007.31		
	镇江	0.42	3 069.37		1 009.82		
	靖江	0.31	716.74		739.68		
	常熟	0.13	367.04		303.91		
长江口	北支 1	0.12	2 362.56	14 552.12	479.60	3 507.08	2017~2019 年
	南支 1	0.06	1 327.92		261.60		
	北支 2	0.51	7 324.65		2 065.55		
	南支 2	0.17	3 536.99		700.33		
洞庭湖	汉寿	1.63	715.33	5 949.68	4 227.60	31 174.00	2017~2019 年
	沅江	1.52	812.10		3 946.80		
	岳阳	1.77	1 004.05		4 598.53		
	湘江 入湖口	1.92	943.34		4 990.27		
	资江 入湖口	1.47	719.40		3 827.20		
	沅江 入湖口	2.00	909.17		5 191.33		
	澧水 入湖口	1.69	846.29		4 392.27		

续表

河流	站位	密度（×10⁻³ kg/m³）	资源数量（万尾）	区域总资源数量（万尾）	资源质量（t）	区域总资源质量（t）	数据来源年份
鄱阳湖	庐山	0.96	660.24	14 896.88	6 576.00	47 223.90	2018~2019年
	都昌县	0.92	874.64		6 297.43		
	鄱阳湖区	1.01	1 694.12		6 945.90		
	赣江入湖口	0.86	1 912.14		5 872.73		
	修河入湖口	1.19	859.86		8 151.50		
	信江入湖口	0.97	6 306.35		6 621.67		
	饶河入湖口	0.99	2 589.53		6 758.67		
雅砻江	雅江	0.37	22.05	153.42	29.13	202.67	2017~2020年
	锦屏	0.41	40.38		53.35		
	金河	0.26	90.98		120.19		
横江	普洱渡	0.21	118.63	118.63	32.03	32.03	2018~2019年
岷江（含大渡河）	松潘县	0.04	0.43	181.09	1.04	230.29	2018年
	乐山	0.19	107.86		136.88		
	双江口	0.10	72.79		92.37		
沱江	资阳	0.50	66.77	194.93	56.62	165.30	2018~2019年
	内江	0.57	128.16		108.68		
赤水河	镇雄	0.19	11.77	187.91	6.44	102.79	2017~2020年
	赤水镇	0.33	19.89		10.88		
	赤水市	0.41	41.26		22.57		
	合江县	0.57	114.99		62.90		
嘉陵江	广元	0.91	85.24	2 466.79	122.75	1 193.47	2017~2019年
	南充	0.74	340.84		497.28		
	合川	0.43	2 040.71		573.44		
乌江	思南	0.23	1 141.96	2 384.68	282.06	589.01	2018年
	沿河	0.20	1 242.72		306.95		
汉江	汉中	0.19	450.84	2 619.71	268.25	1 558.73	2017~2020年
	老河口	1.21	1 321.41		786.24		
	钟祥	0.44	847.46		504.24		
合计			88 650.81	88 650.81	12 4781.3	12 4781.25	

4.4 重要鱼类生物学

对长江流域（包括两湖）重要鱼类圆口铜鱼、铜鱼、草鱼、鲢、长薄鳅、瓦氏黄颡鱼、长鳍吻鮈、云南光唇鱼、斑点蛇鮈、大鳍鳠、高体近红鲌、中华沙鳅、短体副鳅、齐口裂腹鱼、鳊和鳜的资源数量和资源质量进行了简要分析。其中，资源数量最高的为鲢，达 8126.67 万尾，其次是鳜，为 4437.9 万尾，铜鱼和鳊的资源数量分别为 890.67 万尾和 747.76 万尾，其他种类资源数量相对这几种鱼类较低；资源质量最高的同样是鲢，为 7301.9 t，其次是鳊，为 4599.11 t，草鱼、鳜和铜鱼的资源质量也较高，分别为 4740.7 t、2790.26 t 和 135.73 t（表 4.7，表 4.8）。调查中详细分析了各流域重要鱼类种群的动态，结果显示长江流域及其源头、支流分布的重要鱼类资源量较历史明显下降。

4.4.1 圆口铜鱼

1. 单位捕捞努力量渔获量

长江流域中圆口铜鱼为长江上游特有鱼类，主要分布在金沙江、雅砻江及长江上游干流水域，其平均单位捕捞努力量渔获量（CPUE）为 0.33 kg/（船·d），其中以金沙江最大，为 0.61 kg/（船·d），其次是雅砻江，为 0.26 kg/（船·d），长江上游干流最小，为 0.12 kg/（船·d）（图 4.5）。

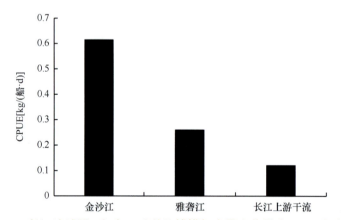

图 4.5　长江流域圆口铜鱼平均单位捕捞努力量渔获量（CPUE）变化

2. 资源量

对上述水域圆口铜鱼的资源数量和资源质量进行估算，圆口铜鱼资源数量为 24.165 万尾，其中以金沙江最多，为 12.205 万尾，其次为长江上游干流，为 9.28 万尾，雅砻江最少，为 2.68 万尾（图 4.6）。

表 4.7 长江流域主要鱼类年均资源数量

（单位：万尾）

流域	金沙江	长江上游干流	三峡库区	长江中游干流	长江下游干流	洞庭湖	鄱阳湖	雅砻江	横江	岷江（含大渡河）	沱江	赤水河	嘉陵江	乌江	汉江
圆口铜鱼	12.205	9.28						2.68							
铜鱼		26.27	67.76	794.83			1.51		0.26	0.04					
草鱼	2.47	6.96	53.9			28.56	1.51	0.05		0.33	52.1	0.41	37.25		
鲢	0.14	9.56	53.9	45.3	7458.23	297.48	207.05	0.38		0.09			12.83	14.99	26.72
长薄鳅	1.47	10.49						0.57		0.89			0.25		
瓦氏黄颡鱼	19.11	77.13	90.85	114.07				2.68	3.68	0.24		21.99	16.53		
长鳍吻鮈		2.13						0.17							
云南光唇鱼									0.52			4.43		133.04	
斑点蛇鮈											5.11	9.51	17.27		
大鳍鳠		13.74										13.96	68.82		
高体近红鲌		0.46									1.23		0.25		
中华沙鳅	17.54							0.51		0.34			9.37		
短体副鳅	5.89	0.46						0.08		34.68					
齐口裂腹鱼	78.68							6		4.42					
鳊	0.37		7.7	86.56	498.32	138.03	16.61	0.17							
鳜	3.34			95.46	4.72		4320.77	0.78		0.27	2.94		9.62		

（单位：t）

表 4.8 长江流域主要鱼类年均资源质量

流域	金沙江	长江上游干流	三峡库区	长江中游干流	长江下游干流	洞庭湖	鄱阳湖	雅砻江	横江	岷江（含大渡河）	沱江	赤水河	嘉陵江	乌江	汉江
圆口铜鱼	18.56	21.62													
铜鱼	15.74	65.91	41.97	25.96			0.72	11	0.87	0.3					
草鱼	0.73	17.36	3340.8	13.86	259.42	997.57	2.45	0.59		10.27	4.55	2.44	89.51		
鲢	0.91	14.22	3048.54		701.63	1992.02	1201.46	3.24		2.51			85.21	17.92	220.56
长薄鳅		8.6						0.47		1.77					
瓦氏黄颡鱼	4.82	43.97	46.46	0.93				1.24	1.36	0.44		14.95	5.85		
长鳍吻鮈		3.32						0.16					0.12		
云南光唇鱼														15.63	
斑点蛇鮈									0.18			5.38	2.74		
大鳍鳠		8.54									7.64	2.73	25.18		
高体近红鲌		0.42									2.1	10.79	0.12		
中华沙鳅		2.55						0.1		0.16			0.48		
短体副鳅	0.03	0.05						0		4.38					
齐口裂腹鱼	45.94							11.51		14.78					
鳊	0.68	0.68	421.16	3.81	1416.71	2172.83	583.45	0.47		0.71	4.38				
鳜	2.97	2.97		2.7	384.42		2390.94	2.11					2.03		

注：空白表示无数据

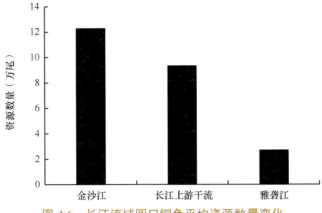

图 4.6　长江流域圆口铜鱼平均资源数量变化

圆口铜鱼资源质量为 51.18 t，其中长江上游干流最大，为 21.62 t，金沙江次之，为 18.56 t，雅砻江为 11 t（图 4.7）。

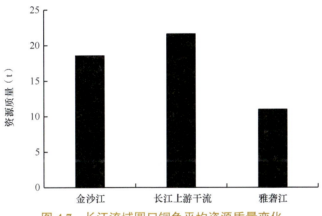

图 4.7　长江流域圆口铜鱼平均资源质量变化

3. 种群结构

调查结果显示，各流域重要鱼类种类组成有所不同，同一种鱼类在不同水域中种群结构也有所不同。圆口铜鱼在金沙江水域体长范围为 102～375 mm，体重范围为 11.5～1030 g；在长江上游干流体长范围为 66～397 mm，体重范围为 6.5～2405 g；在雅砻江平均体长为 281 mm，体长范围为 122～361 mm，平均体重为 409 g，体重范围为 27.5～883.2 g。

4.4.2　铜鱼

1. 单位捕捞努力量渔获量

长江流域中铜鱼为经济型鱼类，主要分布在长江中上游以及部分支流水域，其平均

CPUE 为 0.57 kg/（船·d），根据调查结果，长江中游干流铜鱼 CPUE 远远大于其他水域，为 2.83 kg/（船·d），其次是长江上游干流，为 0.46 kg/（船·d），其他水域均小于 0.1 kg/（船·d），以鄱阳湖最小，为 0.0001 kg/（船·d）（图 4.8）。

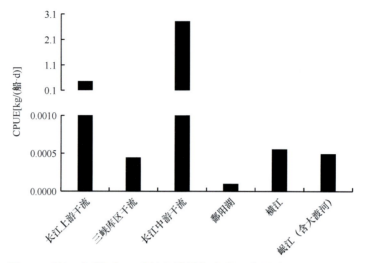

图 4.8　长江流域铜鱼平均单位捕捞努力量渔获量（CPUE）变化

2. 资源量

对铜鱼的资源数量和资源质量进行估算，铜鱼资源数量为 890.67 万尾，其中以长江中游干流数量最多，为 794.83 万尾，其次是三峡库区干流，为 67.76 万尾，长江上游干流为 26.27 万尾，支流中铜鱼资源数量水平均较低，岷江（含大渡河）最少，仅 0.04 万尾（图 4.9）。

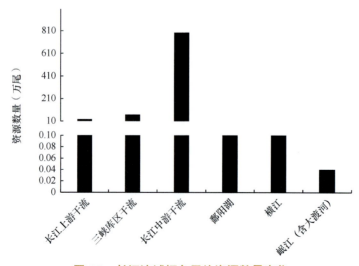

图 4.9　长江流域铜鱼平均资源数量变化

铜鱼资源质量为 2567.36 t，以长江中游干流最大，显著大于其他水域，为 2441.29t，长江上游干流次之，为 82.21 t，三峡库区为 41.97 t，岷江（含大渡河）最小，为 0.30 t，鄱阳湖为 0.72 t，横江为 0.87 t（图 4.10）。

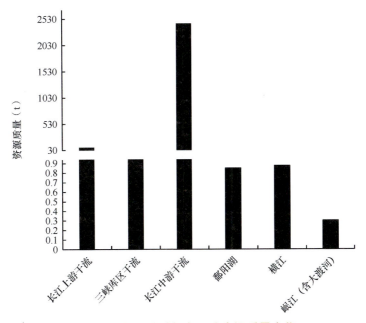

图 4.10　长江流域铜鱼平均资源质量变化

3. 种群结构

铜鱼在长江上游干流水域体长范围为 23～420 mm，体重范围为 12.3～1150 g；在三峡库区干流水域体长范围为 20～368 mm，体重范围为 2.0～732 g；在长江中游干流平均体长为 256 mm，最长可达 426 mm，平均体重为 230 g，最大可达 1050.3 g。

4.4.3　草鱼

1. 单位捕捞努力量渔获量

长江流域中草鱼为主要经济型鱼类，主要分布在长江中下游及部分支流水域，根据调查结果，其平均 CPUE 为 0.51 kg/（船·d），以三峡库区最大，为 3.12 kg/（船·d），洞庭湖与嘉陵江相近，分别为 0.82 kg/（船·d）、0.78 kg/（船·d），其次为长江下游干流，为 0.23 kg/（船·d），鄱阳湖较小，仅为 0.000 445 kg/（船·d）（图 4.11）。

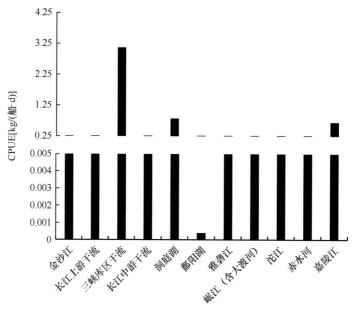

图 4.11　长江流域草鱼平均单位捕捞努力量渔获量（CPUE）变化

2. 资源量

对草鱼的资源数量和资源质量进行估算，草鱼资源数量为 183.54 万尾，其中以三峡库区数量最多，为 53.9 万尾，其次是沱江，为 52.1 万尾，嘉陵江和洞庭湖数量也相对较多，分别为 37.25 万尾和 28.56 万尾，资源数量最少的为雅砻江，仅为 0.05 万尾（图 4.12）。

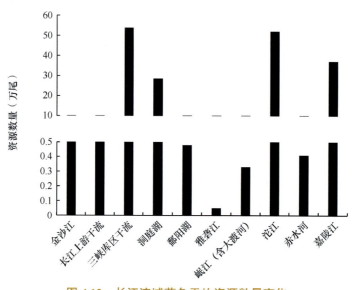

图 4.12　长江流域草鱼平均资源数量变化

草鱼资源质量为 4740.7 t，以三峡库区最大，显著大于其他水域，为 3340.80 t，洞庭湖次之，为 997.57 t，长江下游干流为 259.42 t，嘉陵江为 89.51 t，其他水域总体均较小，雅砻江最小，为 0.59 t（图 4.13）。

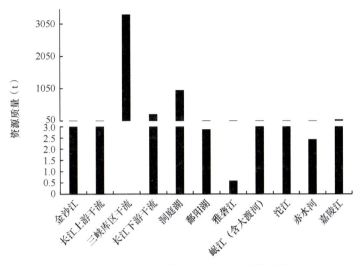

图 4.13　长江流域草鱼平均资源质量变化

3. 种群结构

草鱼分布较广泛，长江干流及一些支流均有分布。草鱼在长江上游干流平均体长为 162.24 mm，体长范围为 13～592 mm，平均体重为 224.59 g，体重范围为 1～3900 g；在三峡库区平均体长为 202 mm，体长范围为 32～900 mm，平均体重为 325.8 g，体重范围为 0.7～12 500 g；在洞庭湖水域平均体长为 332.61 mm，体长范围为 155～800 mm，平均体重为 896.70 g，体重范围为 78.7～6500 g；在鄱阳湖水域平均体长为 298 mm，体长范围为 200～650 mm，平均体重为 680 g，体重范围为 171～4650 g；在岷江（含大渡河）平均体长为 412 mm，体长范围为 173～510 mm，平均体重为 1669 g，体重范围为 816.3～3000g；在沱江平均体长为 435.9 mm，体长范围为 153～786 mm，平均体重为 823.89 g，体重范围为 50.6～2677 g；在嘉陵江平均体长为 380 mm，体长范围为 106～721 mm，平均体重为 1287 g，体重范围为 26～6545 g。

4.4.4　鲢

1. 单位捕捞努力量渔获量

长江流域中鲢为主要经济型鱼类，主要分布在长江中下游以及部分支流水域，其平均 CPUE 为 0.76 kg/（船·d），以三峡库区最大，为 2.85 kg/（船·d），其次为洞庭湖，为 1.63 kg/（船·d），长江中游干流和汉江水域相近，分别为 1.51 kg/（船·d）和 1.31 kg/（船·d），其他各水域均小于0.1 kg/（船·d），以岷江（含大渡河）最小，为0.02 kg/（船·d）（图4.14）。

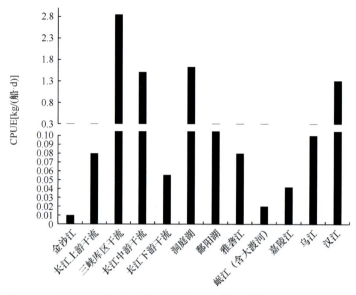

图4.14　长江流域鲢平均单位捕捞努力量渔获量（CPUE）变化

2. 资源量

对鲢的资源数量和资源质量进行估算，鲢资源数量为8126.67万尾，其中以长江下游干流水域数量最多，为7458.23万尾，两湖水域也相对较多，洞庭湖为297.48万尾，鄱阳湖为207.05万尾，三峡库区为53.9万尾，长江中游干流为45.3万尾，其他各水域资源数量水平较低，以岷江（含大渡河）水域最少，为0.09万尾（图4.15）。

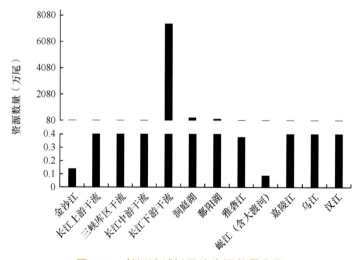

图4.15　长江流域鲢平均资源数量变化

鲢资源质量为 8805.37t，以三峡库区最大，显著大于其他水域，为 3048.54 t，洞庭湖次之，为 1992.02 t，长江中游干流和鄱阳湖也相对较大，分别为 1303.4 t 和 1415.39 t，汉江为 220.56 t，其他水域总体均较小，金沙江最小，为 0.73 t（图 4.16）。

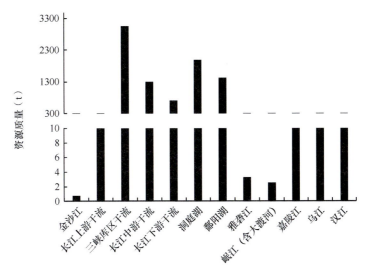

图 4.16 长江流域鲢平均资源质量变化

3. 种群结构

鲢在长江上游干流水域平均体长为 127.46 mm，体长范围为 25～730 mm，平均体重为 121.8 g，体重范围为 0.1～3250 g；在三峡库区鲢个体较大，平均体长为 408 mm，体长范围为 35～850 mm，平均体重为 1866g，体重范围为 0.16～11500 g；在长江下游干流鲢平均体长为 250.96 mm，体长范围为 141.89～618 mm，平均体重为 309.36 g，体重范围为 33.6～3920 g；在鄱阳湖水域鲢个体也较大，平均体长为 338.5 mm，体长范围为 100～706 mm，平均体重为 1314.6 g，体重范围为 16～6560 g。

4.4.5 长薄鳅

1. 单位捕捞努力量渔获量

长江流域长薄鳅为长江上游特有鱼类，主要分布在长江中上游及其支流，其平均 CPUE 为 0.016 kg/（船·d），以长江上游干流最大，为 0.05 kg/（船·d），雅砻江和岷江（含大渡河）相近，分别为 0.011 kg/（船·d）和 0.0132 kg/（船·d），嘉陵江最小，仅为 0.001 kg/（船·d）（图 4.17）。

2. 资源量

对长薄鳅的资源数量和资源质量进行估算，长薄鳅资源数量为 13.67 万尾，总体资源数量较少，其中长江上游干流水域数量最多，为 10.49 万尾，其次为金沙江，为 1.47 万

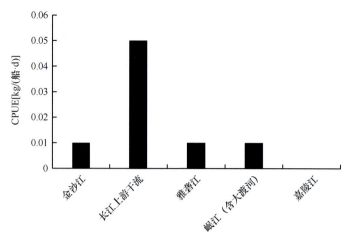

图 4.17　长江流域长薄鳅平均单位捕捞努力量渔获量（CPUE）变化

尾，雅砻江、嘉陵江和岷江（含大渡河）数量均较少，未达 1 万尾，以嘉陵江最少，为 0.25 万尾（图 4.18）。

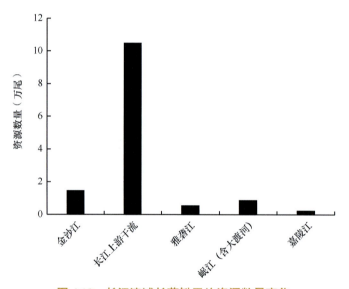

图 4.18　长江流域长薄鳅平均资源数量变化

长薄鳅资源质量为 11.87t，以长江上游干流最大，显著大于其他水域，为 8.6 t，其次为岷江（含大渡河），为 1.77 t，金沙江、雅砻江和嘉陵江相对较小，以嘉陵江最小，仅为 0.12 t（图 4.19）。

3. 种群结构

长薄鳅在长江上游干流平均体长为 158.17 mm，体长范围为 25～364 mm，平均体重为 66.53 g，体重范围为 1.7～639.8 g。

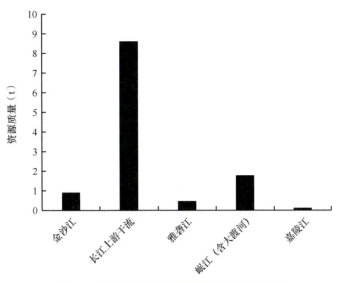

图 4.19　长江流域长薄鳅平均资源质量变化

4.4.6　瓦氏黄颡鱼

1. 单位捕捞努力量渔获量

长江流域中瓦氏黄颡鱼为经济型鱼类，在流域内分布较广泛，根据调查结果，其平均 CPUE 为 0.16 kg/（船·d），各水域以赤水河平均 CPUE 最大，为 0.81 kg/（船·d），其次为长江上游干流，为 0.25 kg/（船·d），横江为 0.13 kg/（船·d），岷江（含大渡河）最小，为 0.0032 kg/（船·d）（图 4.20）。

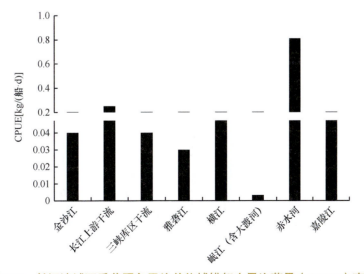

图 4.20　长江流域瓦氏黄颡鱼平均单位捕捞努力量渔获量（CPUE）变化

2. 资源量

对瓦氏黄颡鱼的资源数量和资源质量进行估算，瓦氏黄颡鱼资源数量为346.28万尾，其中长江中游干流数量最多，为114.07万尾，其次为三峡库区，为90.85万尾，其后为长江上游干流，为77.13万尾，支流中赤水河数量最多，为21.99万尾，嘉陵江次之，为16.53万尾，总体以岷江（含大渡河）最少，为0.24万尾（图4.21）。

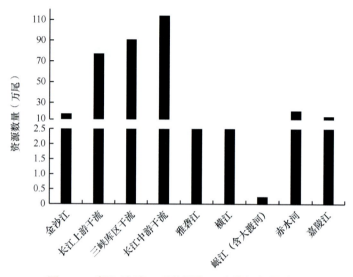

图4.21 长江流域瓦氏黄颡鱼平均资源数量变化

瓦氏黄颡鱼资源质量为206.55t，以长江中游干流最大，为87.46t，其次为三峡库区，为46.46 t，长江上游干流与其相近，为43.97 t；支流中以赤水河最大，为14.95 t，嘉陵江次之，为5.85 t，岷江（含大渡河）最小，为0.44 t（图4.22）。

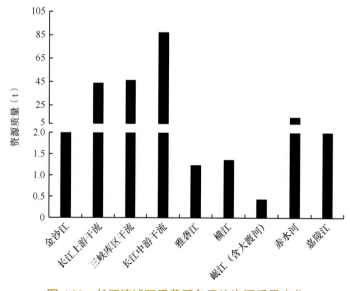

图4.22 长江流域瓦氏黄颡鱼平均资源质量变化

3. 种群结构

瓦氏黄颡鱼在长江上游干流平均体长为 132.78 mm，体长范围为 9.3～365 mm，平均体重为 46.59 g，体重范围为 0.5～499.5 g；在三峡库区平均体长为 145 mm，体长范围为 40～405 mm，平均体重为 65.6 g，体重范围为 0.8～550 g；在岷江（含大渡河）水域平均体长为 87.8 mm，体长范围为 74～107 mm，平均体重为 10.56 g，体重范围为 6.7～15.8 g，相比长江上游干流和三峡库区干流个体较小。

4.4.7　长鳍吻鮈

1. 单位捕捞努力量渔获量

长江流域中长鳍吻鮈为长江上游特有鱼类，其主要分布在长江上游，近年来调查显示其资源量一直呈下降趋势，流域内总体资源水平较低。根据调查，长鳍吻鮈平均 CPUE 为 0.011 kg/（船·d），其中长江上游干流为 0.0183 kg/（船·d），雅砻江为 0.0038 kg/（船·d）（图 4.23）。

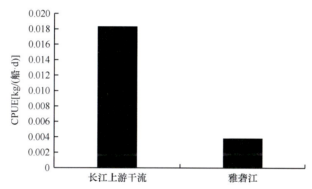

图 4.23　长江流域长鳍吻鮈平均单位捕捞努力量渔获量（CPUE）变化

2. 资源量

对长鳍吻鮈的资源数量和资源质量进行估算，长鳍吻鮈资源数量为 2.3 万尾，其中长江上游干流为 2.13 万尾，雅砻江为 0.17 万尾（图 4.24）。

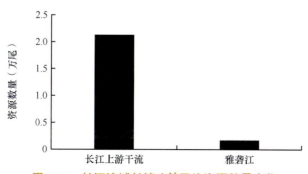

图 4.24　长江流域长鳍吻鮈平均资源数量变化

长鳍吻鮈资源质量为 3.48 t，其中长江上游干流为 3.32 t，雅砻江为 0.16 t（图 4.25）。

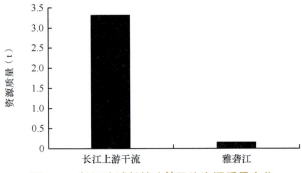

图 4.25　长江流域长鳍吻鮈平均资源质量变化

3. 种群结构

长鳍吻鮈在长江上游干流平均体长为 184.76 mm，体长范围为 79～270 mm，平均体重为 122.76 g，体重范围为 7.8～321 g。

4.4.8　云南光唇鱼

1. 单位捕捞努力量渔获量

长江流域中云南光唇鱼为特有鱼类，主要分布在长江支流，近年来调查显示其资源量有所下降。根据近几年调查结果，云南光唇鱼平均 CPUE 为 0.065 kg/（船·d），各水域中赤水河和乌江平均 CPUE 相近，分别为 0.093 kg/（船·d）和 0.0844 kg/（船·d），横江较小，为 0.0175 kg/（船·d）（图 4.26）。

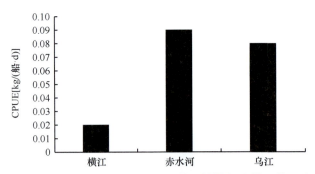

图 4.26　长江流域云南光唇鱼平均单位捕捞努力量渔获量变化

2. 资源量

对云南光唇鱼的资源数量和资源质量进行估算，云南光唇鱼资源数量为 137.99 万尾，其中乌江资源数量最多，为 133.04 万尾，其次为赤水河，为 4.43 万尾，横江最少，为 0.52 万尾（图 4.27）。

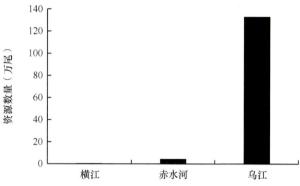

图 4.27　长江流域云南光唇鱼平均资源数量变化

云南光唇鱼资源质量为 21.19 t，其中以乌江资源质量最大，为 15.63 t，其次为赤水河，为 5.38 t，横江最小，为 0.18 t（图 4.28）。

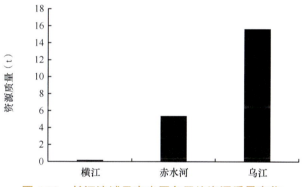

图 4.28　长江流域云南光唇鱼平均资源质量变化

3. 种群结构

云南光唇鱼在长江中游干流平均体为 195.88 mm，体长范围为 40～500 g，平均体重为 199.09 g，体重范围为 1.24～3500 g；在乌江水域平均体长为 9.7 mm，体长范围为 3.6～20.1 mm，平均体重为 21.6 g，体重范围为 1.139～25.3 g。

4.4.9　斑点蛇鮈

1. 单位捕捞努力量渔获量

长江流域中斑点蛇鮈为特有鱼类，主要分布在长江一些支流，近年来调查显示其资源量有所下降。根据调查结果，斑点蛇鮈平均 CPUE 为 0.0797 kg/（船·d），赤水河和嘉陵江平均 CPUE 分别为 0.1355 kg/（船·d）和 0.0239 kg/（船·d）（图 4.29）。

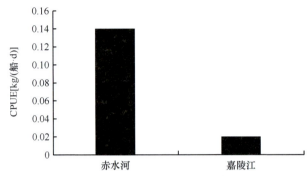

图 4.29　长江流域斑点蛇鮈平均单位捕捞努力量渔获量（CPUE）变化

2. 资源量

对斑点蛇鮈的资源数量和资源质量进行估算，资源数量为 26.78 万尾，其中赤水河为 9.51 万尾，嘉陵江为 17.27 万尾（图 4.30）。

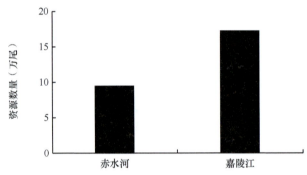

图 4.30　长江流域斑点蛇鮈平均资源数量变化

斑点蛇鮈资源质量为 5.47 t，其中赤水河为 2.73 t，嘉陵江为 2.74 t（图 4.31）。

4.4.10　大鳍鱯

1. 单位捕捞努力量渔获量

长江流域中大鳍鱯为经济型鱼类，在长江干流及一些支流均有分布，其平均 CPUE 为 0.2947 kg/（船·d），以赤水河最大，为 0.541 kg/（船·d），其次为沱江，为 0.3705 kg/（船·d），嘉陵江为 0.2194 kg/（船·d），长江上游干流最小，为 0.0477 kg/（船·d）（图 4.32）。

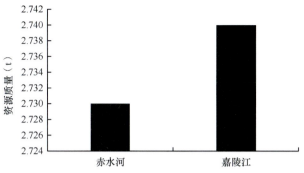

图 4.31　长江流域斑点蛇鮈平均资源质量变化

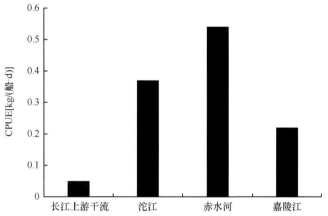

图 4.32　长江流域大鳍鳠平均单位捕捞努力量渔获量（CPUE）变化

2. 资源量

对大鳍鳠的资源数量和资源质量进行估算，大鳍鳠资源数量为 101.63 万尾，其中嘉陵江资源数量最多，为 68.82 万尾，其次是赤水河，为 13.96 万尾，长江上游干流与其相近，为 13.74 万尾，沱江最少，为 5.11 万尾（图 4.33）。

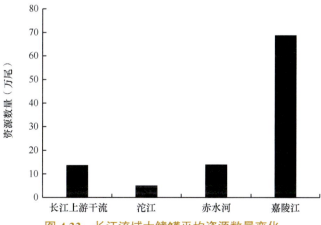

图 4.33　长江流域大鳍鳠平均资源数量变化

大鳍鳠资源质量为 52.15 t，其中以嘉陵江最大，为 25.18 t，赤水河次之，10.79 t，长江上游干流为 8.54 t，沱江最小，为 7.64 t（图 4.34）。

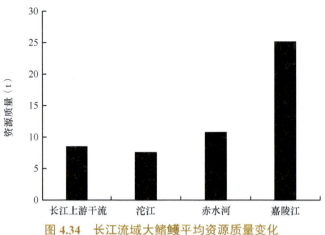

图 4.34　长江流域大鳍鳠平均资源质量变化

3. 种群结构

大鳍鳠在长江上游干流平均体长为 159 mm，体长范围为 52～339 mm，平均体重为 50.8 g，体重范围为 1.74～321.4 g；在沱江平均体长为 160 mm，体长范围为 83～342 mm，平均体重为 48 g，体重范围为 6.8～280 g；在赤水河平均体长为 151 mm，体长范围为 72～220 mm，平均体重为 65 g，体重范围为 9～160 g。

4.4.11　高体近红鲌

1. 单位捕捞努力量渔获量

长江流域中高体近红鲌为特有鱼类，在长江干流及一些支流均有分布，但总体资源水平较低。根据调查，高体近红鲌平均 CPUE 为 0.035 kg/（船·d），以沱江最大，为 0.1019 kg/（船·d），其次为长江上游干流，为 0.0023 kg/（船·d），嘉陵江最小，为 0.001 kg/（船·d）（图 4.35）。

2. 资源量

对高体近红鲌的资源数量和资源质量进行估算，高体近红鲌资源数量为 1.94 万尾，其中沱江资源数量最多，为 1.23 万尾，其次为长江上游干流，为 0.46 万尾，嘉陵江最少，为 0.25 万尾（图 4.36）。

高体近红鲌资源质量为 2.64 t，其中沱江最大，为 2.1 t，长江上游干流次之，为 0.42 t，嘉陵江最小，为 0.12 t（图 4.37）。

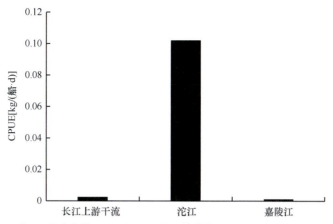

图 4.35　长江流域高体近红鲌平均单位捕捞努力量渔获量（CPUE）变化

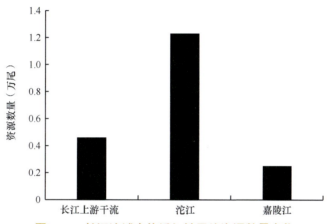

图 4.36　长江流域高体近红鲌平均资源数量变化

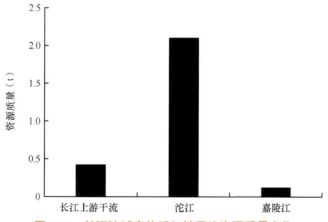

图 4.37　长江流域高体近红鲌平均资源质量变化

3. 种群结构

高体近红鲌在长江上游干流平均体长为 158.74 mm，体长范围为 69～299 mm，平均体重为 66.19 g，体重范围为 3.9～259.9 g；在嘉陵江平均体长为 91.83 mm，体长范围为 11～335 mm，平均体重为 57.66 g，体重范围为 0.1～735 g；在沱江平均体长为 132.6 mm，平均体重为 42.18 g，体重范围为 6.8～280 g。

4.4.12 中华沙鳅

1. 单位捕捞努力量渔获量

中华沙鳅在长江流域主要分布在干流部分江段及一些支流，总体资源水平较低，其平均 CPUE 为 0.0055 kg/（船·d），以长江上游干流最大，为 0.0143 kg/（船·d），其他水域均小于 0.01 kg/（船·d），以岷江（含大渡河）最小，为 0.0012 kg/（船·d）（图 4.38）。

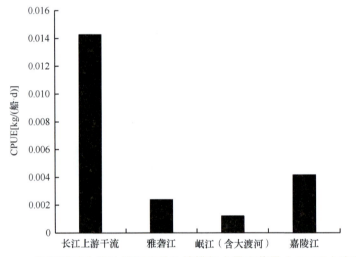

图 4.38 长江流域中华沙鳅平均单位捕捞努力量渔获量（CPUE）变化

2. 资源量

对中华沙鳅的资源数量和资源质量进行估算，中华沙鳅资源数量为 27.76 万尾，其中长江上游干流资源数量最多，为 17.54 万尾，其次为嘉陵江，为 9.37 万尾，雅砻江为 0.51 万尾，岷江（含大渡河）最少，为 0.34 万尾（图 4.39）。

中华沙鳅资源质量为 3.29 t，其中长江上游干流最大，为 2.55 t，嘉陵江次之，为 0.48 t，岷江（含大渡河）为 0.16 t，雅砻江为 0.1 t（图 4.40）。

3. 种群结构

中华沙鳅在长江上游干流平均体长为 88.51 mm，体长范围为 56～155 mm，平均体重为 11.93 g，体重范围为 1.5～115 g。

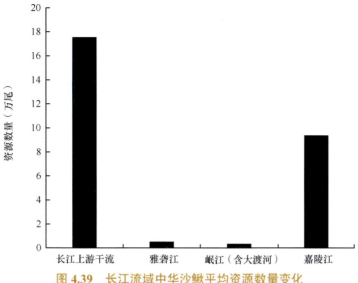

图 4.39　长江流域中华沙鳅平均资源数量变化

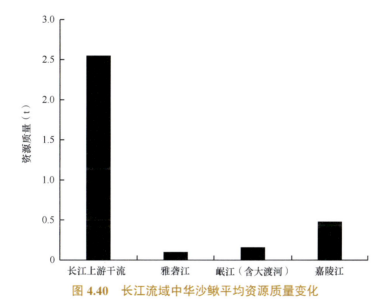

图 4.40　长江流域中华沙鳅平均资源质量变化

4.4.13　短体副鳅

1. 单位捕捞努力量渔获量

短体副鳅为小型鳅科鱼类，分布相对较广，主要分布在长江干流部分江段及一些支流，总体资源水平低，其平均 CPUE 为 0.0083 kg/（船·d），以岷江（含大渡河）最大，为 4.15 kg/（船·d），金沙江和长江上游干流平均 CPUE 相近，分别为 0.026 kg/（船·d）和 0.050 kg/（船·d），雅砻江最小，小于 0.0001 kg/（船·d）（图 4.41）。

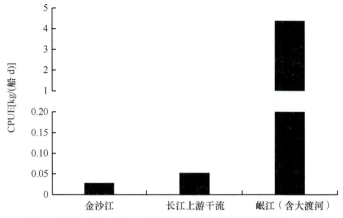

图 4.41　长江流域短体副鳅平均单位捕捞努力量渔获量（CPUE）变化

2. 资源量

对短体副鳅的资源数量和资源质量进行估算，短体副鳅资源数量为 41.11 万尾，其中岷江（含大渡河）资源数量最多，为 34.68 万尾，其次为金沙江，为 5.89 万尾，长江上游干流为 0.46 万尾，雅砻江最少，为 0.08 万尾（图 4.42）。

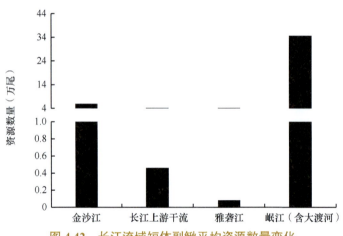

图 4.42　长江流域短体副鳅平均资源数量变化

短体副鳅资源质量为 4.46 t，其中岷江（含大渡河）最大，为 4.38 t，长江上游干流、金沙江和雅砻江均较小（图 4.43）。

3. 种群结构

短体副鳅在长江上游干流平均体长为 83.96 mm，体长范围为 65～100 mm，平均体重为 7.52 g，体重范围为 2.5～11.9 g。

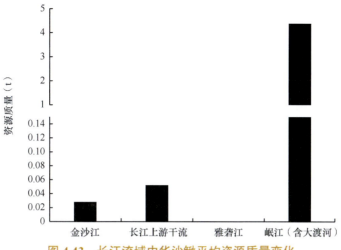

图 4.43　长江流域中华沙鳅平均资源质量变化

4.4.14　齐口裂腹鱼

1. 单位捕捞努力量渔获量

齐口裂腹鱼为冷水性经济鱼类，主要分布在长江上游干流及部分支流中，如金沙江、雅砻江等，其平均 CPUE 为 0.3166 kg/（船·d），各水域以金沙江平均 CPUE 最大，为 0.4268 kg/（船·d），其次为雅砻江，为 0.2715 kg/（船·d），岷江（含大渡河）略小于雅砻江，为 0.2515 kg/（船·d）（图 4.44）。

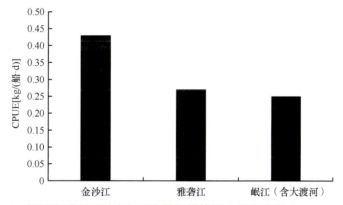

图 4.44　长江流域齐口裂腹鱼平均单位捕捞努力量渔获量（CPUE）变化

2. 资源量

对齐口裂腹鱼的资源数量和资源质量进行估算，齐口裂腹鱼资源数量为 89.1 万尾，其中金沙江资源数量最多，为 78.68 万尾，其次为雅砻江，为 6 万尾，岷江（含大渡河）

为 4.42 万尾（图 4.45）。

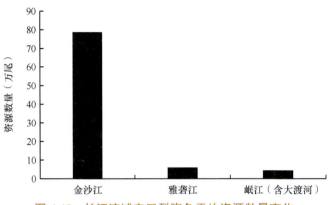

图 4.45　长江流域齐口裂腹鱼平均资源数量变化

齐口裂腹鱼资源质量为 72.23 t，其中金沙江最大，为 45.94 t，其次为岷江（含大渡河），为 14.78 t，雅砻江最小，为 11.51 t（图 4.46）。

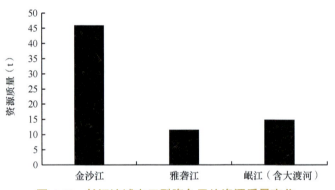

图 4.46　长江流域齐口裂腹鱼平均资源质量变化

3. 种群结构

齐口裂腹鱼在金沙江平均体长为 181.45 mm，体长范围为 86～450 mm，平均体重为 120.3 g，体重范围为 3.4～1800 g；在岷江（含大渡河）平均体长为 239.6 mm，体长范围为 105～380 mm，平均体重为 338.98 g，体重范围为 21.2～1973 g。

4.4.15　鳊

1. 单位捕捞努力量渔获量

鳊为经济鱼类，主要分布在长江中下游干支流及湖泊中。根据调查，鳊平均 CPUE 为 0.6613 kg/（船·d），各水域以洞庭湖最大，为 1.7829 kg/（船·d），其次为长江下游干流，为 1.2585 kg/（船·d），其他水域均小于 1 kg/（船·d），长江中游干流为 0.4161 kg/（船·d），三峡库区为 0.3934 kg/（船·d），鄱阳湖为 0.1061 kg/（船·d），雅砻江最小，为 0.011 kg/（船·d）（图 4.47）。

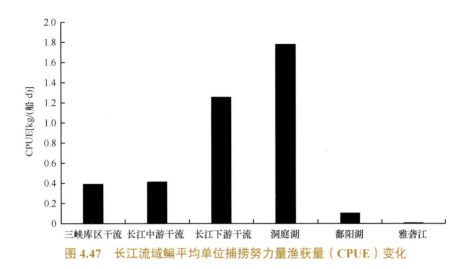

图 4.47　长江流域鳊平均单位捕捞努力量渔获量（CPUE）变化

2. 资源量

对鳊的资源数量和资源质量进行估算，鳊资源数量为 747.76 万尾，其中以长江下游干流数量最多，为 498.32 万尾，洞庭湖为 138.03 万尾，长江中游干流为 86.56 万尾，其他水域资源数量相对较少，雅砻江最少，为 0.17 万尾（图 4.48）。

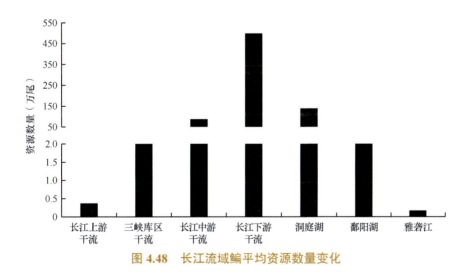

图 4.48　长江流域鳊平均资源数量变化

鳊资源质量为 4599.11 t，其中洞庭湖最大，为 2172.83 t，其次为长江下游干流，为 1416.71 t，三峡库区、长江中游干流和鄱阳湖分别为 421.16 t、3.81 t 和 583.45 t，长江上游干流为 0.68 t，雅砻江最小，仅为 0.47 t（图 4.49）。

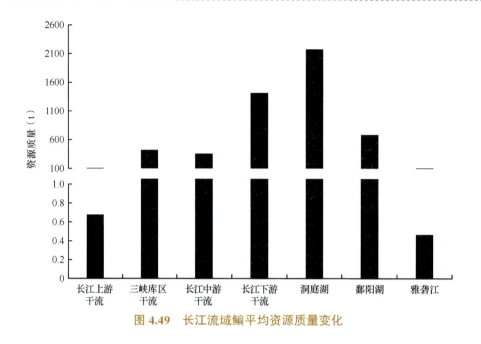

图 4.49　长江流域鳊平均资源质量变化

3. 种群结构

鳊在长江上游干流平均体长为 141 mm，体长范围为 56～412 mm，平均体重为 157 g，体重范围为 2.6～1412 g；在长江中游干流平均体长为 255 mm，体长范围为 35～500 mm，平均体重为 299 g，体重范围为 1～2600 g；在长江下游干流平均体长为 171 mm，体长范围为 82.02～253.89 mm，平均体重为 125 g，体重范围为 6.2～332.9 g。

4.4.16　鳜

1. 单位捕捞努力量渔获量

鳜为长江经济鱼类，主要分布在长江中下游干支流及湖泊中。根据调查，鳜平均 CPUE 为 0.1716 kg/（船·d），以鄱阳湖最大，为 0.4348 kg/（船·d），其次为长江下游干流，为 0.3415 kg/（船·d），沱江为 0.2125 kg/（船·d），其他水域 CPUE 均小于 0.1 kg/（船·d），岷江（含大渡河）最小，仅为 0.0053 kg/（船·d）（图 4.50）。

2. 资源量

对鳜的资源数量和资源质量进行估算，鳜资源数量为 4437.9 万尾，其中鄱阳湖数量最多，为 4320.77 万尾，显著多于其他水域，其次为长江中游干流，为 95.46 万尾，其他水域鳜资源数量水平均较低，以岷江（含大渡河）最少，为 0.27 万尾（图 4.51）。

鳜资源质量为 2790.26 t，其中鄱阳湖最大，为 2390.94 t，其次为长江下游干流，为 384.42 t，长江中游干流为 2.7 t，岷江（含大渡河）最小，为 0.71 t（图 4.52）。

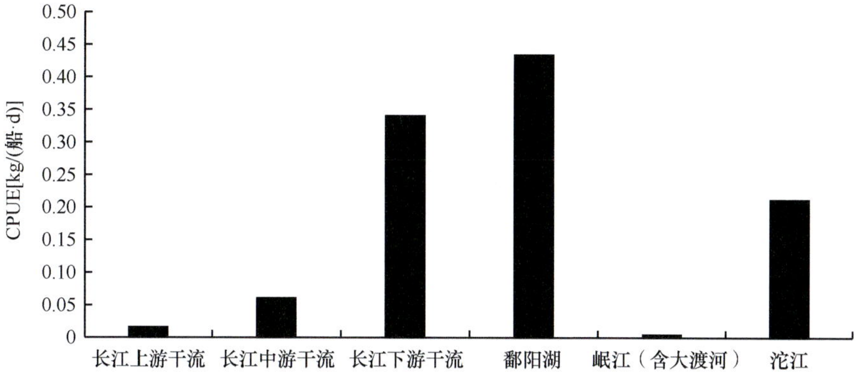

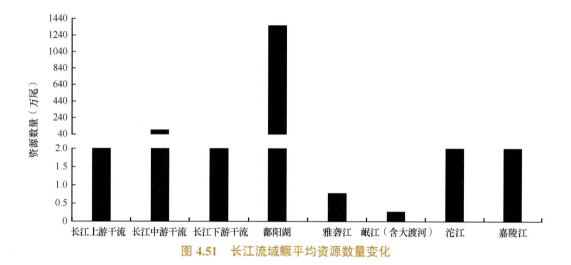

图 4.50　长江流域鳜平均单位捕捞努力量渔获量（CPUE）变化

图 4.51　长江流域鳜平均资源数量变化

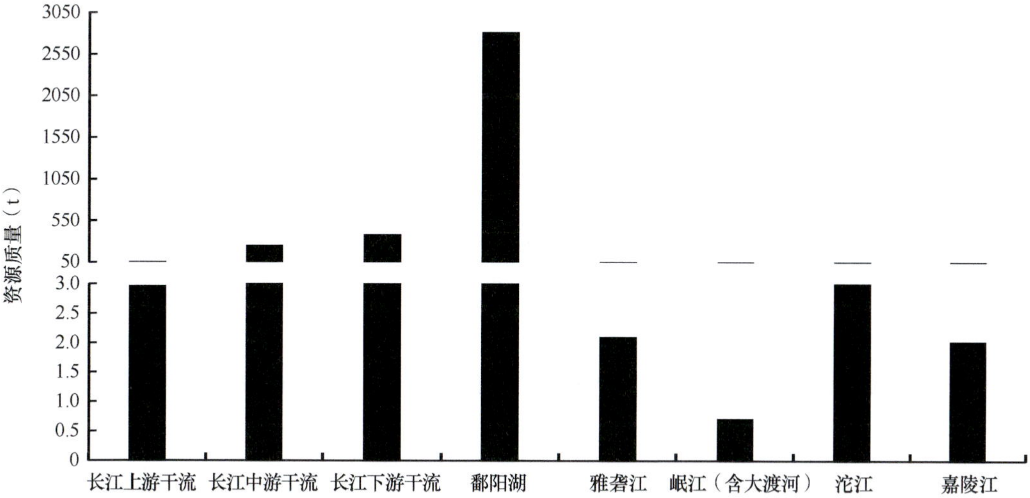

图 4.52　长江流域鳜平均资源质量变化

3. 种群结构

鳜在长江上游干流平均体长为 133.7 mm，体长范围为 40～325 mm，平均体重为 72.24 g，体重范围为 1.3～666.7 g；在三峡库区平均体长为 191 mm，体长范围为 43～316 mm，平均体重为 170.3 g，体重范围为 1.5～775 g；在长江中游干流平均体长为 103.03 mm，体长范围为 9～185 mm，平均体重为 19.02 g，体重范围为 0.5～179 g；在鄱阳湖平均体长为 163.6 mm，体长范围为 60～320 mm，平均体重为 168.7 g，体重范围为 4～1019 g；在沱江平均体长为 129.1 mm，体长范围为 65～205 mm，平均体重为 80.02 g，体重范围为 6～174.2 g。

4.5 成鱼资源演变

4.5.1 种群结构变化

从长江流域鱼类群体结构来看，鲤、鲇、黄颡鱼、鳜和鲫为全面禁捕前流域性优势种，渔获质量占比达到 40% 以上，20 世纪 50 年代长江主要水域渔获物中占比较高的鱼类多为江湖洄游性鱼类四大家鱼、河海洄游性鱼类等，占长江主要水域年捕捞量的近 40%，部分江段仅四大家鱼中鲢一种在渔获物中的质量占比就超过 20%。从鱼类资源当前变化来看，定居性鱼类比例呈现持续增加趋势。

4.5.2 区域特异变化

从长江流域不同区域变化来看，鱼类资源变化最为明显的为水利工程建设形成的水库水域。例如，三峡库区铜鱼比例大幅度下降，短颌鲚、银鱼等外来种渔获比例大幅度上升；金沙江下游梯级库区蓄水后四大家鱼、鲇等鱼类比例持续上升，原分布种圆口铜鱼、裂腹鱼类等特有物种比例持续下降；长江中下游鲂属鱼类比例有较大上升，原经济鱼类如四大家鱼、鳡等比例持续下降；长江口资源量持续下降，近年中华绒螯蟹资源量有一定恢复；两湖鲤、鲫等定居性鱼类仍为主要经济鱼类。

4.5.3 生物学特征变化

从长江流域鱼类个体生物学特征来看，鱼类个体体长、体重相比历史记录均有减小的趋势，鱼类个体呈现小型化趋势。调查结果显示，沱江所有鱼类平均体重均小于 1 kg；汉江近几年全区域的渔获物体长范围为 0.6～88 cm；长江口水域以幼鱼和小型个体鱼类为主，全水域主要渔获物中平均体重大于 50 g 的仅长吻鮠 1 种；洞庭湖全区域鲤、鲫、鲢、草鱼、短颌鲚、鳜、鳊的平均体长分别为 255.58 mm、147.42 mm、311.98 mm、332.61 mm、469.38 mm、400.298 mm、234.35 mm，平均体重分别为 481.31 g、120.40 g、798.89 g、896.69 g、54.20 g、733.96 g、290.34 g，与历史资料相比，鱼类小型化趋势明显。

4.5.4 资源量变化

根据《中国渔业统计年鉴》,20世纪50年代初长江流域渔业捕捞产量为43万t,50年代末至60年代约为38万t,70年代约为23万t,80年代初下降至20万t,90年代下降至10万t,21世纪初长江主要渔业水域捕捞产量下降至不足10万t(图4.53)。2018~2021年对一江(金沙江、长江上游、三峡库区、长江中游、长江下游、长江口)、两湖(洞庭湖、鄱阳湖)、七河(岷江、大渡河、沱江、赤水河、嘉陵江、乌江、汉江)鱼类资源进行了全面调查,结果显示目前长江流域鱼类资源现存量为11.74万t,年均渔业捕捞产量约为10万t。从鱼类资源现存量来看,2018~2021年仅相当于20世纪50年代的27.30%、20世纪60年代的30.89%、20世纪80年代的58.70%。21世纪以来长江鱼类资源量呈现波动变化,捕捞量的稳定与捕捞力度持续增加不无关系,长江流域全面禁捕前长江鱼类资源总体呈现持续衰退趋势。各流域重要鱼类资源也呈现衰退趋势,如圆口铜鱼。历史上圆口铜鱼主要分布于宜昌以上的长江上游(川江段)和金沙江中下游等干流,以及雅砻江、岷江、沱江、赤水河、嘉陵江、乌江等支流,但近年来由于受水利工程、过度捕捞、环境污染等人类活动的影响,尤其是金沙江中下游和雅砻江中下游梯级水电开发工程的修建,圆口铜鱼的产卵场环境遭受毁灭性破坏,其完成生活史的通道相继被阻断,种群资源已呈现明显的下降趋势。例如,20世纪60~70年代圆口铜鱼在金沙江下游占渔获量的50%以上,而在金沙江下游宜宾江段由20世纪90年代占渔获量的11.53%下降至2005年的7.93%,在金沙江下游绥江段由2011年占渔获量的12.98%下降至2015年的4.16%。总体来说,目前圆口铜鱼仅在金沙江中下游江段、雅砻江下游江段尚有一定数量,历史幼鱼资源丰富的长江上游干流(川江段)种群数量大幅度下降,特别是三峡库区和宜昌江段非常少见,历史偶然分布的岷江、沱江、赤水河、嘉陵江、乌江等地几近绝迹。

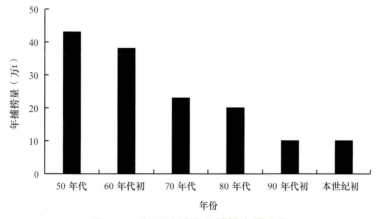

图4.53 长江流域渔业捕捞产量变化

4.6 鱼类早期资源

2017～2021年根据项目要求同时开展了鱼类早期资源调查工作。2019年为"长江渔业资源与环境调查（2017—2021）"专项鱼类早期资源调查重点年，2017～2021年其余年份根据需要开展了补充调查，同时结合历史资料对长江主要鱼类早期资源资料进行了丰富。

2017～2021年于长江全流域开展的鱼类早期资源调查工作在全流域设置了长江源（金沙江、雅砻江、横江和岷江）、长江一级支流（赤水河、沱江、嘉陵江、乌江和汉江）、长江干流（长江上游、三峡库区、长江中游、长江下游和长江口）以及通江湖泊（鄱阳湖和洞庭湖）16个水域共计129个站位。经统计，累计调查1990 d，采集鱼卵57 393粒、鱼苗4580万尾。产漂流性卵鱼类的监测工作主要在长江干流开展，累计调查1828 d，采集鱼卵5万余粒、鱼苗4584万余尾（表4.9）；产黏性卵鱼类的监测主要在嘉陵江、乌江、鄱阳湖、洞庭湖等开展，累计调查96个站位，162 d，采集鱼卵7000多粒、鱼苗6100多尾（表4.10）。

表4.9 2017～2021年"长江渔业资源与环境调查（2017—2021）"专项鱼类早期资源调查概况统计（产漂流性卵鱼类）

区域	调查站位	调查时间（d）	鱼卵数（粒）	鱼苗数（尾）	卵苗总数（粒）	种类数	卵苗径流量（亿粒·尾）
金沙江	2	91	563	2 458	3 021	15	2.03
雅砻江	2	129	1 041	61	1 102	16	0.7
横江	1	2	2	16	18	2	—
长江上游干流	2	635	12 029	2 485	14 014	62	86.2
岷江	1	33	275	36	331	22	0.114
赤水河	3	363	5 217	455	5 672	38	8.21
沱江	2	92	1 816	926 000	927 816	47	—
三峡库区干流	1	110	9 977	16 814	26 791	54	448.58
嘉陵江	3	88	43	6 430	6 473	37	48.24
长江中游干流	5	285	19 379	44 878 700	44 898 079	78	9 545.71
长江下游干流	7	—	—	7 551	7 551	17	—
长江口	4					44	
总计	33	1 828	50 342	45 841 006	45 890 868	432	10 139.784

"—"表示无数据

表4.10 2017～2021年"长江渔业资源与环境调查（2017—2021）"专项鱼类早期资源调查概况统计（产黏性卵鱼类）

区域	调查站位数	调查时间（d）	鱼卵数量（粒）	鱼苗数量（尾）	卵苗总数（粒）	种类数	卵苗径流量（亿粒·尾）
嘉陵江	2	38	1 892	547	2 439	16	0.44

区域	调查 站位数	调查时间 （d）	鱼卵数量 （粒）	鱼苗数量 （尾）	卵苗总数 （粒）	种类数	卵苗径流量 （亿粒·尾）
乌江	30	55	4 707	2 626	7 333	16	—
洞庭湖	35	69	—	2 936	2 936	8	87.37
鄱阳湖	29	—	452	—	452	—	—
总计	96	162	7 051	6 109	13 160	40	87.81

4.6.1 卵苗径流量

经调查统计，2017～2021年长江全流域在调查期间卵苗径流量累计约为 10 228.22 亿粒·尾，其中产漂流性卵鱼类卵苗径流量约为 10 139.78 亿粒（尾），产黏性卵鱼类卵苗径流量约为 88.44 亿粒（尾）。其中，产漂流性卵鱼类年均卵苗径流量约为 9770.53 亿粒（尾），产黏性卵鱼类年均卵苗径流量约为 50.79 亿粒（尾）。各流域产漂流性卵鱼类卵苗径流量存在较大的差异，其中长江中游干流卵苗径流量远大于其他各流域，达 9545.71 亿粒（尾），其次为三峡库区干流，为 158.07 亿粒（尾），长江上游干流卵苗径流量相对较小，为 14.39 亿粒（尾），长江下游干流鱼类早期资源密度均值为 143.29 ind./（100 m²），变幅为 4.88～1570.63 ind./（100 m²）；其他各支流卵苗径流量均较小，嘉陵江为 48.24 亿粒（尾），赤水河为 2.06 亿粒（尾），金沙江为 2.03 亿粒（尾），岷江为 0.114 亿粒（尾），雅砻江最少，为 0.029 亿粒（尾）（图4.54）。

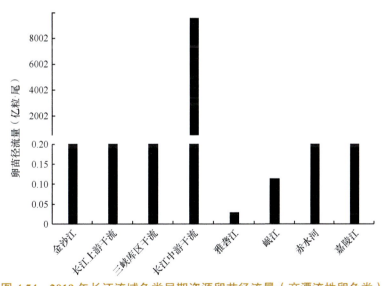

图4.54　2019年长江流域鱼类早期资源卵苗径流量（产漂流性卵鱼类）

在黏性卵的监测工作中，产黏性卵鱼类在洞庭湖的年产卵量为 49.72 亿粒（尾），在嘉陵江的产卵量为 0.44 亿粒（尾），金沙江监测过程中主要在金沙江下游采集到黏性鱼卵，产卵量为 0.36 亿粒（尾），长江上游干流的产卵量为 0.27 亿粒（尾）（图4.55）。

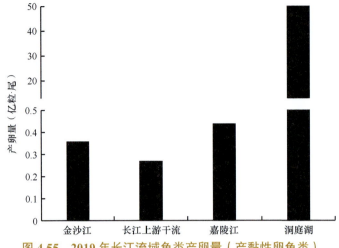

图 4.55　2019 年长江流域鱼类产卵量（产黏性卵鱼类）

产卵场分布

　　根据历史记录及 2017～2021 年长江流域鱼类早期资源调查结果，长江流域干支流鱼类的产卵场分布广泛，不同类型鱼类的产卵场分布具有显著的差异性。常见的经济型鱼类如鲤、鲫等在长江上游、中游、下游均广泛分布有大小不一的产卵场，典型的四大家鱼产卵场主要分布在长江中下游，金沙江、长江上游及其部分支流分布有较多的特有鱼类的产卵场。产黏沉性卵鱼类的产卵场相较于产漂流性卵鱼类的产卵场分布更为广泛。

1. 产漂流性卵鱼类

　　产漂流性卵鱼类的产卵场在长江中上游干流主要分布在金沙江中下游攀枝花、皎平渡、会东、会泽、巧家、宜宾柏溪等江段，在长江上游干流产卵场分布在江安县、大渡口镇、泸州市、合江县、弥陀镇、朱沱镇、朱杨镇、金刚镇等江段，在三峡库区干流产卵场主要分布在涪陵区，在长江中游四大家鱼产卵场分布在 12 个江段，产卵规模较大的产卵场分别位于葛洲坝下、胭收坝、红花套、白螺、汉口和汉口下 6 个江段（图 4.56）。

　　金沙江流域鱼类早期资源的调查研究较少，历史开展的鱼类早期资源调查主要对金沙江重要特有鱼类的产卵场进行了公开报道。2017～2021 年调查结果显示，金沙江中下游鱼类产卵场主要分布在柏溪、巧家、会泽、会东、武定、皎平渡、攀枝花和观音岩。根据长江上游珍稀、特有鱼类及保护区补偿项目——水生生态环境监测项目的监测结果，2008 年金沙江中下游产卵场主要有 12 处，主要分布在向家坝、屏山、新市镇、溪洛渡、巧家、会泽、会东、皎平渡、观音岩、金安桥等；2010～2012 年产卵场位置有所变化，主要分布在柏溪、屏山、新市镇、佛滩、皎平渡、观音岩、灰拉古、皮拉海、朵美、金安桥 10 处，其中柏溪、佛滩 2 个产卵场分别为向家坝、溪洛渡 2 个产卵场受水电站截流影响下移形成；2013 年金沙江鱼类产卵场主要分布在柏溪、观音岩、灰拉古、皮拉海 4 处，受金沙江一期工程蓄水的影响，产卵场数量明显减少；2014 年金沙江中游鱼类产卵场主要分布在观音岩、温泉、湾碧、铁锁和金安桥 5 处；2016 年金沙江中下游鱼类产卵场主要分布在皎

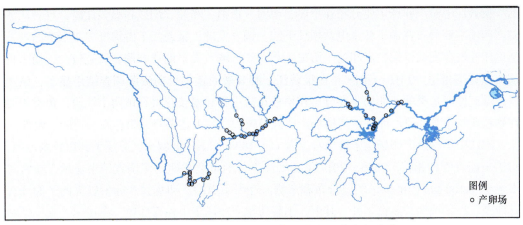

图例
○产卵场

图 4.56　长江中上游流域鱼类现有主要产卵场分布

平渡、元谋、会理—永仁和攀枝花 4 个江段。

调查显示，圆口铜鱼在金沙江中下游分布有多个产卵场，分别为巧家、会泽、会东、武定、皎平渡和攀枝花江段。2004 年中国科学院昆明动物研究所在金沙江中游江段开展了鱼类早期资源调查，结果显示圆口铜鱼、长薄鳅和犁头鳅产卵场分布在金安桥、龙开口、朵美、鲁地拉坝址下游和海子田江段，圆口铜鱼主要产卵场分布在金安桥坝址至树底江段，长薄鳅和犁头鳅主要产卵场分布在金江桥至渔泡江口江段和龙开口江段。2010 年水利部中国科学院水工程生态研究所在金沙江中游的监测显示，圆口铜鱼产卵场分布在金安桥、朵美、皮拉海、灰拉古、观音岩江段，产卵场位置有所变化。鲁地拉、观音岩电站建成运行后，金沙江中游朵美、皮拉海、灰拉古等产卵场被淹没，中游产卵场向库尾迁移，观音岩产卵场向下迁移。

长江上游干流江津监测断面以上 300 余千米江段广泛分布着产漂流性卵鱼类的产卵场，经推算产卵场主要分布在龙门镇—合江县、文桥—黄舣场、泰安镇—怡乐镇、江安县—罗龙镇和宋家镇—普安镇 5 处江段，其中四大家鱼产卵场主要分布在朱杨镇和合江两个江段，具体为朱杨镇至羊石镇及榕山镇至弥沱镇，繁殖规模占总繁殖规模的 70% 以上，铜鱼产卵场主要分布在合江和泸州江段，具体为羊石镇至文桥及弥沱镇至大渡口镇，繁殖规模占总繁殖规模的 60% 以上，其他鱼类的产卵场分布较为分散。2010～2012 年在江津断面的鱼类早期资源调查结果显示，在江津断面以上江段广泛分布着产漂流性卵鱼类的产卵场，产卵量较大的产卵场有 9 处，分别为白沙镇、朱杨镇、羊石镇、榕山镇、合江县、弥陀镇、泸州市、江安县、南溪区，其中四大家鱼产卵场集中在榕山镇至泸州市江段，铜鱼产卵场集中在合江县至弥沱镇江段，鳅科鱼类产卵场集中在羊石镇至弥沱镇江段。不同鱼类产卵场间存在重叠，重叠最为明显的是榕山镇至弥沱镇约 49 km 江段，其产卵量约占全江段产卵量的 56.04%。结合来看，长江上游干流鱼类产卵场目前为止分布仍较为广泛，部分鱼类产卵场分布较分散，主要产卵场数量有所减少，产卵场的位置也发生了一定变化，产卵场的产卵规模也有所下降，但多数产卵场保留，尚未消失。四大家鱼主要产卵场位置有所改变，榕山镇至泸州市江段仍是其重要的繁殖场所，其产卵场位置有轻微改变，但不明显，下游朱杨镇至羊石镇成为其新的集中产卵场。铜鱼主要产卵场位置未发生明显变化。

雅砻江中游产卵场主要分布在里庄、南河—青纳、和爱、烟袋和魁多江段，雅砻江下游产卵场主要分布在桐子林水电站坝址下游。调查发现，雅砻江下游锦屏二级水电站坝址至里庄江段存在圆口铜鱼产卵场。历史上雅砻江流域鱼类早期资源调查研究较少，尚未见该流域详细报道。2016～2018 年在雅砻江下游开展的鱼类早期资源调查结果显示，该江段产漂流性卵鱼类的产卵场主要分布在攀枝花盐边县和攀枝花得石镇两个江段，鱼类主要在攀枝花盐边县江段产卵，该产卵场产卵规模较大，与上述调查结果存在一定的一致性。

岷江中华沙鳅产卵场位于屏山县上游 11～18 km 江段，即叙州区蕨溪镇到斑竹凼范围，与历史调查资料相符。2016～2017 年在岷江进行的鱼类早期资源调查结果显示，在宜宾市上游约 160 km 的范围，广泛分布着产漂流性卵鱼类的产卵场，产卵量较大的产卵场有喜捷镇、高场镇和蕨溪镇 3 处。其中，小眼薄鳅产卵场集中在喜捷镇、高场镇、蕨溪镇和新民镇；长薄鳅产卵场集中在高场镇、蕨溪镇、新民镇和孝姑镇；中华沙鳅产卵场集中在高场镇、蕨溪镇和泥溪镇；异鳔鳅鮀、中华金沙鳅、寡鳞飘鱼和宜昌鳅鮀产卵规模相对较小，主要在高场—孝姑江段零星分布，无集中产卵场。

赤水河赤水市断面上游约 200 km 范围内广泛分布着产漂流性卵鱼类的产卵场，其中赤水—复兴、丙安—葫市和土城—太平 3 个江段的繁殖规模最大。大部分鱼类的产卵场较为分散，其中银鮈的产卵场主要集中在赤水—复兴江段，寡鳞飘鱼的产卵场主要集中在丙安—土城江段，花斑副沙鳅的产卵场主要集中在土城以下江段，宜昌鳅鮀的产卵场主要集中在复兴江段，犁头鳅、长薄鳅、紫薄鳅和中华沙鳅的产卵场主要集中在元厚—沙滩江段。历史调查显示，在赤水市断面上游 200 余千米广泛分布着产漂流性卵鱼类的产卵场，寡鳞飘鱼和宜昌鳅鮀的产卵场主要集中在葫市镇以下江段，银鮈和紫薄鳅的产卵场主要集中在土城镇以下江段，副沙鳅属鱼类的产卵场主要集中在葫市镇和沙滩乡附近，长薄鳅、中华沙鳅、金沙鳅属鱼类的产卵场相对靠上，主要集中在太平镇、合马镇和茅台镇附近，尤以长薄鳅的产卵场分布最广，最远可达赤水镇附近。与 2007～2008 年和 2013～2014 年相比，2015～2016 年主要产卵场有所上移。

沱江存在一定量的产漂流性卵鱼类的产卵场，且具有一定规模，沱江中游有 4 个四大家鱼产卵场，分别是资阳南津驿、资中银山、内江史家和富顺，资中银山产卵场是最大的产卵场，内江史家产卵场居后，4 个产卵场的长度为 68 km。

三峡库区及其上游库尾分布有一定量的鱼类产卵场，库区范围以产黏沉性卵鱼类的产卵场为主，产漂流性卵鱼类的产卵场主要分布在涪陵区，重要鱼类如四大家鱼、鳊和长鳍吻鮈在该产卵场均有所分布。2019 年四大家鱼产卵场主要分布在涪陵区江段；鳊鱼产卵场分布在涪陵区珍溪镇和长寿区江段；长鳍吻鮈产卵场分布在涪陵区江段。历史调查记录显示，2015 年四大家鱼产卵场分布在普子坨至涪陵城区江段，四大家鱼仔鱼分布在重庆巴南至朱沱镇江段；2018 年四大家鱼产卵场分布在涪陵区江段，对比来看，四大家鱼产卵场位置未发生明显变化，但产卵场范围有一定缩小。根据历史记录，长江干流宜昌以上江段是四大家鱼重要的产卵场，资料显示 1986 年其分布有 11 个产卵场，2002～2003 年云阳至江津江段存在多个产卵场。三峡水库蓄水后，原分布于库区内的产卵场被淹没，鱼类上溯至库尾以及库区上游繁殖，文献资料显示库尾峡口江段也存在四大家鱼产卵场，但产卵苗规模较小，三峡库区上游已成为长江上游四大家鱼主要产卵场江段。

长江中游四大家鱼产卵场分布在 12 个江段，产卵规模为 43.93 亿粒，产卵规模较大的产卵场（大于 0.5 亿粒）有葛洲坝下、胭收坝、红花套、白螺、汉口和汉口下 6 个江段。产卵场类型包含顺直型、弯曲型和分汊型，产卵种类以鲢和草鱼为主。此次调查的长江干流四大家鱼产卵场的地理分布与 20 世纪 80 年代的调查结果基本相符。与 20 世纪 80 年代相比，长江中游宜昌产卵场规模明显增大，其他产卵场大部分存在，但产卵场范围和规模严重缩小。2014 年宜昌断面上游四大家鱼产卵场分布在葛洲坝下（坝下—庙咀）、宜昌（胭脂坝—云池）和白洋（自洋镇—关州）3 个江段，2015 年的四大家鱼产卵场分布在葛洲坝下（坝下—庙咀）、宜昌（胭脂坝—红花套）2 个江段。和历史资料相比，长江中游宜昌江段四大家鱼产卵场位置略有下移，规模呈减小趋势。根据 20 世纪 70 年代的调查结果，长江中游宜昌江段分布有秭归（泄滩至秭归）、宜昌（三斗坪至十里红）和虎牙滩（仙人桥至虎牙滩）3 个产卵场，产卵场长度分别为 6 km、46 km 和 3 km，其中宜昌产卵场的产卵量约为 80 亿粒。葛洲坝水利枢纽截流后，宜昌江段产卵场位置移至葛洲坝坝址至虎牙滩 22 km 江段。与葛洲坝截流前相比，位于葛洲坝库区的三斗坪至十里红的产卵场几乎消失，坝下江段的产卵场规模相对建坝前有所扩大。与葛洲坝截流后的两次历史调查结果比较，此次调查显示产卵场位置向下游移动，产卵规模呈下降趋势。

汉江中下游干流区域监测到的产漂流性卵鱼类主要来自 3 个产卵场，分别为蔡台村至万伏村、保宫台至朱家台和葛藤湾至太平村江段。根据 1960 年的调查结果，汉江中下游（含支流）有 10 个产漂流性卵鱼类主要产卵场，分别为三官殿、王甫洲、茨河、襄樊、宜城、钟祥、马良、泽口、郭滩、埠口江段。唐白河是汉江中下游最大支流，其水量也较丰富，也存在一定规模产漂流性卵鱼类繁殖，产卵场主要分布在郭滩至唐河、苍头镇至埠口江段，产卵量占中下游总产卵量的 56.3%，其中四大家鱼产卵量占总产卵量的 49.4%。在丹江口大坝运行后，1977 年开展的调查显示，丹江口坝址下游 7 km 的三官殿产卵场已消失，距大坝最近的产卵场在下游 31.5 km 的王甫洲。2004 年对汉江中下游鱼类早期资源的调查显示，王甫洲产卵场消失，产卵场分布在茨河、襄樊、宜城、钟祥、马良、泽口、郭滩、埠口江段；四大家鱼产卵场分布在茨河、宜城、钟祥、马良、泽口江段，唐白河未发现四大家鱼产卵场。2012 年的调查结果表明，汉江中下游产漂流性卵鱼类产卵场位置和 2004 年相比没有变化，四大家鱼产卵数占总产卵数的 0.5%，其他经济鱼类产卵数占 4.5%，小型鱼类产卵数占 95%，但茨河四大家鱼产卵场已消失，退化为其他经济鱼类和小型鱼类产卵场。原小河至宜城河段的四大家鱼产卵场移至宜城至流水段。汉江各产卵场卵苗资源量呈明显下降趋势，历史资料表明，汉江中下游四大家鱼卵苗径流量已经从 20 世纪 70 年代末的近 5 亿粒（尾）下降到 2004 年以后的不足 1 亿粒（尾），四大家鱼卵苗径流量占鱼类卵苗总径流量的比例也从 19% 下降到 1% 以下。

2. 产黏沉性卵鱼类

产黏沉性卵鱼类的产卵场在长江中上游干流分布广泛，包括金沙江下游绥江县、宜宾市叙州区及宜宾翠屏区，长江上游干流泸州市、江津通泰门、朱杨镇和松溉镇等繁殖规模较大的江段。两湖中，在洞庭湖调查中共发现产黏沉性卵鱼类的产卵场 45 处，东洞庭湖产卵场主要有煤炭湾、麻塘镇、六门闸、飘尾港、太平咀、小丁字堤、君山、团结村、风车拐、漉湖等，西南洞庭湖产卵场主要分布在祁青村、万字湖村、东城村、七房湾等。结合历史调查记录，目前鄱阳湖较好的鲤产卵场有19处，分别是余干县的北口湾、鲫鱼湖、程家池、三洲湖，南昌县的大沙坊湖、三湖、团湖，新建区的北甲湖、东湖、上深湖、下深湖、常湖，庐山市的蚌湖，鄱阳县的莲子湖、汉池湖，永修县的大湖池、象湖、沙湖，以及都昌县的西湖渡。另外，南湖、林充湖、草湾湖、王罗湖、六潦湖、晚湖、太阳湖、南疆湖、大鸣湖、中湖池、边湖、云湖、外珠湖、金溪湖等也是鲤产卵场。

金沙江下游产黏沉性卵鱼类的产卵场繁殖规模相对较大的包括绥江县、宜宾市叙州区犇溪口、绥江县云川金沙江大桥、绥江县小洪溪口、翠屏区正和金帝庄园和天池金沙江特大桥等江段。

长江上游干流产黏沉性卵鱼类的产卵场繁殖规模相对较大的包括泸州长江二桥、麒麟广场下游约1000 m、长江几江大桥、江津区朱杨溪和江津松溉等江段。

赤水河鲤、鲫、半餐、蛇鮈、唇鳟和鳡科等产黏性卵鱼类一般将卵产于水草或者沙石底质上，受精卵通常黏附在基质上完成胚胎发育过程，但是在水流的强冲刷作用下，受精卵可以脱离基质而随水漂流。在赤水河早期资源定点监测中经常可以采集这些鱼类的受精卵，根据实地调查和渔民反馈的信息判断，赤水河中下游广泛分布有这些鱼类的产卵场。2007年4月23日曾在赤水市葫市镇江段采集到600多粒半餐的受精卵，这些受精卵黏附在面积约12 cm×12 cm的石块上。此外，每年的春夏季在赤水市江段均可采集到大量黏附在水草和砂石上的鲤、唇鳟、蛇鮈等鱼类的受精卵。

此次调查对《嘉陵江水系鱼类资源调查报告》（四川省嘉陵江水系鱼类资源调查组，1980）所报道的85个主要经济鱼类产卵场中的60个开展了现状调查工作，其中干流有43个，东河有15个，西河有2个。初步了解了在嘉陵江梯级电站开发后水利枢纽的建设对嘉陵江主要经济鱼类产卵场、鱼类早期资源发生量以及鱼类物种丰度产生的影响，旨在为今后嘉陵江鱼类资源的开发利用和保护提供参考。

嘉陵江原有主要经济鱼类产卵场仍存在的有21个，其中5个存在且未改变，16个存在但改变，消失的产卵场共有39个。嘉陵江干流和东河、西河原有主要经济鱼类产卵场概况分别见表4.11和表4.12，嘉陵江原有主要经济鱼类产卵场已经消失的占47.1%。

表4.11 嘉陵江干流原有主要经济鱼类产卵场概况

序号	产卵场名称	河床底质	水生植物生长情况	主要水生植物	调查结论
1	江口	泥沙	无	—	消失
2	青牛	泥沙	无	—	消失
3	鸳溪	泥沙	无	—	消失
4	塔山弯	卵石夹沙	无	—	消失
5	竹棍子滩	卵石夹沙	无	—	消失
6	简溪口滩	卵石夹沙	无	—	消失
7	龙爪滩濠	泥沙	一般	—	存在且未改变
8	毛子滩	卵石夹沙	稀疏	喜旱莲子草、水蓼、篦齿眼子菜	消失

序号	产卵场名称	河床底质	水生植物生长情况	主要水生植物	调查结论
9	白溪濠	泥沙	茂密	喜旱莲子草、萹草	存在且未改变
10	燕子弯	卵石	无	—	消失
11	坭濠	卵石夹沙	无	—	消失
12	打谷滩	卵石夹沙	无	—	消失
13	梯子根	卵石夹沙	稀疏	喜旱莲子草	存在但改变
14	犁头贵	卵石夹沙	无	—	消失
15	乌木濠	卵石夹沙	稀疏	喜旱莲子草、水绵	存在但改变
16	西河口—王家场	泥沙	稀疏	喜旱莲子草、萹草、水葫芦	存在但改变
17	古坟滩	卵石夹沙	无	—	消失
18	西河口	卵石夹沙	茂密	萹草	消失
19	石良沱	泥沙	茂密	喜旱莲子草、香蒲	存在但改变
20	大坭溪	泥沙	稀疏	萹草	存在但改变
21	狮子凤	卵石夹沙	无	—	消失
22	凤仪	泥沙	一般	喜旱莲子草、萹草、水葫芦	存在但改变
23	搬罾溪濠	泥沙	无	喜旱莲子草、水蓼	消失
24	小龙门滩	卵石夹沙	茂盛	萹草、篦齿眼子菜	存在但改变
25	新河口	泥沙	一般	萹草	存在但改变
26	大甲渠—郭家溪	卵石夹沙	无	—	消失
27	南溪口—麻柳平	卵石夹沙	无	—	消失
28	松林濠	卵石夹沙	无	—	消失
29	曲水—柑子园	卵石	无	—	消失
30	羊口滩	卵石夹沙	无	—	消失
31	桃竹石	泥沙	稀疏	喜旱莲子草、萹草	存在但改变
32	鱼栏沱	泥沙	茂密	萹草、水蓼、篦齿眼子菜	存在但改变
33	上白滩	卵石	茂密	苦草、萹草、水绵、莎草	存在但改变
34	香炉滩	卵石夹沙、泥沙	无	—	消失
35	思居沱	卵石夹沙	无	—	消失
36	渠河嘴	泥沙	无	—	消失
37	东津沱	卵石夹沙	无	—	消失
38	白鹤浩	泥沙	稀疏	水绵	消失
39	乌木浩	卵石	稀疏	藻类、苔藓、水绵	存在且未改变
40	楚石滩	泥沙	无	—	消失
41	大沱口	泥沙	稀疏	水绵	存在且未改变
42	毛背沱	卵石夹沙	无	—	存在且未改变
43	三圣庙—水土沱	卵石夹沙	无	—	存在但改变

"—"表示无数据

表 4.12　东河、西河原有主要经济鱼类产卵场概况

序号	产卵场名称	河床底质	水生植物生长情况	主要水生植物	调查结论
1	朱角庙	泥沙	稀疏	喜旱莲子草、芒	消失
2	胡家滩	泥沙	无	—	消失
3	井溪沱	泥沙	稀疏	喜旱莲子草	存在但改变
4	康溪滩	泥沙	无	—	消失
5	王渡河鲶场	泥沙	无	—	消失
6	油房滩	泥沙	无	—	消失
7	杨坪滩白滩	泥沙	稀疏	喜旱莲子草	消失
8	老君滩	泥沙	稀疏	喜旱莲子草	消失
9	张滩	卵石夹沙	无	—	消失
10	汉江口	泥沙	稀疏	喜旱莲子草、水蓼	存在但改变
11	苟滩	卵石夹沙	无	—	消失
12	倒梨子滩下口	卵石夹沙	无	—	消失
13	羊毛滩	卵石夹沙	无	—	消失
14	黄良滩	卵石夹沙	无	—	消失
15	掏井滩	卵石夹沙	无	—	消失
16	升钟湖	泥沙	一般	喜旱莲子草、水绵、芒	存在但改变
17	青岩子	泥沙	稀疏	水绵、菹草	存在但改变

"—"表示无数据

嘉陵江干流新增产卵场 14 个，初步确定有 10 个为产黏性卵的鲤、鲫等的产卵场，另外 3 个为蒙古鲌、翘嘴鲌、大眼鳜、黄颡鱼等的产卵场，3 号因缺乏数据支撑，是否确定为产卵场还有待下一步的调查。嘉陵江干流新增主要经济鱼类产卵场概况见表 4.13。

表 4.13　嘉陵江干流新增主要经济鱼类产卵场概况

序号	产卵场名称	河床底质	水生植物生长情况	主要水生植物	产卵种类
1	马家坝万达广场段	卵石夹沙	茂密	喜旱莲子草	鲤、鲫、鲇
2	南河湿地公园—两江口	泥沙	茂密	喜旱莲子草、菹草	鲤、鲫、鲇
3	亭子口电站下游 1.8 km	卵石	无	—	暂缺
4	金银台船闸下 270 m	卵石夹沙	无	—	蒙古鲌、翘嘴鲌、黄颡鱼
5	东岩村沿嘉陵江浅滩	泥沙	茂密	风车草、酸模、香蒲	鲤、鲫
6	沙溪电站	石盘或礁石、砾石、卵石	无	—	翘嘴鲌、蒙古鲌
7	红岩子电站下游	卵石夹沙	无	—	大眼鳜
8	陈家岭村	泥沙	茂密	—	鲤、鲫
9	西河口	卵石夹沙	茂密	菹草、喜旱莲子草、篦齿眼子菜	鲤、鲫

续表

序号	产卵场名称	河床底质	水生植物生长情况	主要水生植物	产卵种类
10	太阳岛	泥沙	茂密	梭鱼草、黄菖蒲、苦草、菹草	鲤、鲫
11	三坝乡	泥沙	一般	喜旱莲子草、苦草、菹草	鲤、鲫
12	望江渔港	卵石夹沙	一般	菹草	鲤、鲫
13	江村下坝沿岸	卵石夹沙	茂密	菹草、喜旱莲子草、莎草	鲤、鲫
14	游柿垭村	泥沙	茂密	荇菜、喜旱莲子草	鲤、鲫、鲶

"—"表示无数据

乌江鱼类以产黏沉性卵鱼类为主，在采集卵苗、亲鱼的基础上，结合生境水文情势、河流形态、底质状况，以及当地群众和渔业部门介绍，调查确定鱼类产卵场7处、适宜鱼类产卵繁殖的小生境14个。采集到的16种（属）鱼类早期资源中，峨嵋后平鳅、爬岩鳅、短体副鳅、平舟原缨口鳅、马口鱼、宽鳍鱲、吉首光唇鱼、条纹异黔鲮、华缨鱼9种鱼产沉性卵；鳘、鲫、麦穗鱼、鰕鯱鱼4种产黏性卵；食蚊鱼属卵胎生种类；罗非鱼属产卵于口腔中孵化的种类；鳑鲏属产卵于蚌类动物鳃瓣中孵化的种类。结合鱼类标本采集情况，可以断定这些鱼类能够在乌江完成全部生活史。此次调查没有发现四大家鱼的卵苗，结合调查流域干支流均已进行不同程度梯级开发的情况，保留的天然流水河段数量、长度有限，调查水域应不具备四大家鱼胚胎孵化、完成全部生活史的生境条件。

2018年在洞庭湖调查发现，鲤、鲫产卵场共有45处，面积为2.12万hm²，产卵群体约25万余尾，产卵量约37.65亿粒，4月为主要产卵月；索饵场共有31处，面积为7.9万hm²，索饵种群有100亿尾以上，其中鲤、鲫占70%。受沿岸人为活动及其他环境因素的影响，洞庭湖鲤、鲫的产卵场、索饵场数量均有减少。调查时，每个产卵场设置样方4~5个，采用手持式割草器与沉水式水草夹采样，产卵场平均含卵量为8000~10 000颗/m²（有卵区），人工孵化率为95%，成活率为20%，调查范围内鲤、鲫产卵场比例为1:15。东洞庭湖产卵场主要有煤炭湾、麻塘镇、君山、六门闸、飘尾港、漉湖等。2019年在洞庭湖及四水口调查发现，产黏性卵鱼类的产卵场共有31处，包括湘江口8处、东洞庭湖11处、西洞庭湖3处、南洞庭湖7处、资水口及沅水口各1处；产卵场面积约为2.8万hm²，其中东洞庭湖面积为1.58万hm²，占比56.43%，南洞庭湖面积为0.85万hm²，占比30.36%，西洞庭湖面积为0.32万hm²，占比11.43%，四水口面积为0.05万hm²，占比1.79%；产卵群体有33万余尾，产卵量约为49.72亿粒，4~6月为主要产卵月；索饵场面积约为8.5万hm²，索饵种群150亿尾以上，受沿岸人为活动及其他环境因素的影响，洞庭湖鲤、鲫的产卵场、索饵场数量均有减少。

东洞庭湖产卵场主要分布在太平咀、小丁字堤、君山、团结村、风车拐、漉湖等，西南洞庭湖产卵场主要分布在祁青村、万字湖村、东城村、七房湾等。产卵场多生长有沉水植物和维管植物，为黏性鱼卵的附着物。洞庭湖产卵场水温为17~25℃，城陵矶水位为5~10 m，流速在1 m/s以上，透明度为15~30 cm，水质多呈弱碱性，pH为7~8（±0.5），硬度适中，溶氧量都在6.5 mg/L以上，饱和度多在75%以上，生态环境符合鱼类和其他水生生物繁殖生长的要求。产卵场受人类活动的影响较大，如湘江岳阳段，挖石采砂使东洞庭湖的许多沙洲消失，破坏了鱼类产卵环境。城陵矶、鹿角、煤炭湾、鲇鱼口、磊石周边河床底质及地形地貌等生境结构发生改变，几次调查都没有发现沉水植物，也未调查到大型产卵场，洞庭湖流域产卵场的位置和规模基本成型，未来几年变化趋势不大。

2018～2019 年在洞庭湖调查发现的 45 处鱼类产卵场主要为鲤、鲫、鳘、鲌、鳅等鱼类的产卵场（表 4.14，图 4.57）。

表 4.14   2018～2019 年洞庭湖鱼类产卵场情况

年份	卵苗种类组成	卵苗径流量（亿粒）	产卵场总面积（万 hm²）
2018	鲤、鲫	37.65	2.12
2019	鲤、鲫、鳘、翘嘴鲌、中华花鳅、沙塘鳢、黄颡鱼	49.72	2.8
总计	鲤、鲫、鳘、翘嘴鲌、中华花鳅、沙塘鳢、黄颡鱼	87.37	4.92

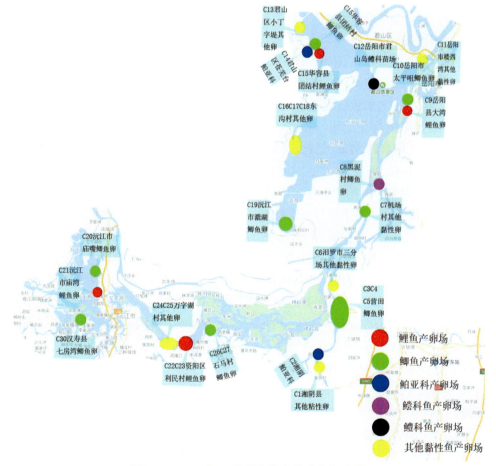

图 4.57   2019 年 5 月洞庭湖鱼类产卵场分布

鄱阳湖较好的鲤产卵场有 19 处，分别是余干县的北口湾、鲫鱼湖、程家池、三洲湖，南昌县的大沙方湖、三湖、团湖，新建区的北甲湖、东湖、上深湖、下深湖、常湖，庐山市的蚌湖，鄱阳县的莲子湖、汉池湖，永修县的大湖池、象湖、沙湖，以及都昌县的西湖渡。另外，南湖、林充湖、草湾湖、王罗湖、六潦湖、晚湖、太阳湖、南疆湖、大鸣湖、中湖池、边湖、云湖、外珠湖、金溪湖等是一般的鲤产卵场，总面积为379.20平方千米。相比历史调查记录，产卵场面积有一定缩小，良好的产卵场数量有明显减少，产卵场繁殖规模严重下降。鄱阳湖湖区鲤、鲫产卵附着物有苔草、芦苇和蓼草眼子菜、水葫芦、灯芯草、杂草（油菜秆、芝麻秆、草绳、树枝等）等，但以苔草、芦苇和蓼草为主。

根据历史调查记录，1963～1964年中国科学院南京地理研究所进行了鄱阳湖水产资源普查，1965年8月发表《鄱阳湖南部鲤鱼产卵场综合调查研究》，同年12月发表《鄱阳湖堑湖渔场综合调查研究》。经查实，鄱阳湖南部鲤主要产卵场有33处，见表4.15。

表 4.15 鄱阳湖南部鲤产卵场面积及评价

序号	产卵场名称	面积（km²）	评价
1	团湖	2.98	良好
2	深湖	4.04	良好
3	南湖	6.00	良好
4	石桑池	8.41	良好
5	李记湖	3.87	良好
6	程家池	15.00	良好
7	长湖子	4.66	良好
8	云湖	2.47	良好
9	南浆湖	3.11	良好
10	七斤湖	0.91	良好
11	北口湾	6.10	良好
12	流水湖	13.30	良好
13	二公脑洲	3.20	良好
14	东湖	40.90	良好
15	大沙坊湖	15.84	较好
16	边湖	1.84	较好
17	北甲湖	7.30	较好
18	林充湖	18.90	较好
19	西湖	10.00	较好
20	王老湖	7.30	较好
21	鲫鱼湖	3.20	较好
22	新湖	3.86	较好
23	晚湖	1.75	较好
24	汉池湖	18.90	较好
25	常湖	4.36	较差
26	山湖	10.30	较差

序号	产卵场名称	面积（km²）	评价
27	草湾湖	6.12	较差
28	三洲湖	2.52	较差
29	堑公湖	1.31	较差
30	矶山湖	2.50	较差
31	曲尺湖	4.00	较差
32	莲子湖	22.30	较差
33	大鸣池	13.58	较差
合计		270.83	

从表4.15可以看出，鄱阳湖南部33个鲤产卵场总面积为270.83 km²，其中，团湖、深湖、南湖、石桑池、李记湖、程家池、长湖子、云湖、南浆湖、七斤湖、北口湾、流水湖、二公脑洲、东湖为良好的产卵场（14个）；大沙坊湖、边湖、北甲湖、林充湖、西湖、王老湖、鲫鱼湖、新湖、晚湖、汉池湖为较好的产卵场（10个）；常湖、山湖、草湾湖、三洲湖、堑公湖、矶山湖、曲尺湖、莲子湖、大鸣池为较差的产卵场（9个）。

20世纪70年代初，由于围垦筑圩，水文变化，捕捞强度增加，禁渔期、禁渔区执行不严，湖区自然环境发生变化，鄱阳湖南部鲤产卵场也发生了变迁。1973年3月至1974年10月，江西省农业局水产资源调查队、江西省水产科学研究所对鄱阳湖水产资源进行了全面的调查，发表《鄱阳湖水产资源调查报告》，获得了鄱阳湖南部产卵场变迁情况的第一手资料。根据调查，石桑池、李记湖等5个产卵场已被围垦破坏，另外增加了4个产卵场，即茄子湖、上茄湖、通子湖、蚌湖，还有些湖条件由好变差或者由差转好。鄱阳湖南部鲤产卵场还有31个，比1965年调查时减少了2个。其中，良好的产卵场（12个）有北口湾、鲫鱼湖、北甲湖、新湖、山湖、云湖、南湖、汉池湖、百口湖、林充湖、水湾湖、流水湖；较好的产卵场（11个）有东湖、矶山湖、大沙坊湖、常湖、西湖、莲子湖、茄子湖、上茄湖、七斤湖、南浆湖、程家池；较差的产卵场（8个）有团湖、边湖、蚌湖、曲尺湖、草湾湖、通子湖、王老湖、三洲湖，见表4.16。

表4.16 鄱阳湖南部鲤产卵场评价

序号	产卵场名称	评价
1	北口湾	良好
2	鲫鱼湖	良好
3	北甲湖	良好
4	新湖	良好
5	山湖	良好
6	云湖	良好
7	南湖	良好
8	汉池湖	良好

续表

序号	产卵场名称	评价
9	百口湖	良好
10	林充湖	良好
11	水湾湖	良好
12	流水湖	良好
13	东湖	较好
14	矶山湖	较好
15	大沙坊湖	较好
16	常湖	较好
17	西湖	较好
18	莲子湖	较好
19	茄子湖	较好
20	上茄湖	较好
21	七斤湖	较好
22	南浆湖	较好
23	程家池	较好
24	团湖	较差
25	边湖	较差
26	蚌湖	较差
27	曲尺湖	较差
28	草湾湖	较差
29	通子湖	较差
30	王老湖	较差
31	三洲湖	较差

1983 年 3 月至 1985 年 12 月，江西鄱阳湖国家级自然保护区管理局和江西省科学院生物资源研究所对整个鄱阳湖的鲤产卵场进行了调查研究，结果显示，产卵场的优劣主要取决于湖泊的地形、地貌、卵附着物、饵料生物、水的理化性质，并受水文气象等环境条件的制约；湖盆高差要大，坡度适中，地势略有起伏，湖底平坦，缓岸较陡岸长，湖岸曲折，湖湾较多；产卵场的湖泊靠近江河或面向大湖，并有水道直接相通，进水口水道多且水道宽而深、短而直；草带高程为 12.3～14.7 m 为宜；水质肥沃，饵料生物丰富。共查明鄱阳湖鲤产卵场有 29 处，面积为 417.86 km^2，见表 4.17。

表 4.17　鄱阳湖鲤产卵场面积

序号	产卵场名称	面积（km^2）
1	东湖	41.33
2	常湖	7.77
3	北甲湖	6.53

序号	产卵场名称	面积（km²）
4	上深湖	2.67
5	下深湖	5.37
6	三湖	16.33
7	大沙坊湖	14.17
8	团湖	2.98
9	边湖	2.33
10	南湖	3.42
11	北口湾	6.00
12	林充湖	12.40
13	鲫鱼湖	3.20
14	沙湖	5.33
15	蚌湖	64.93
16	程家池	15.00
17	草湾湖	11.80
18	王罗湖	9.27
19	三洲湖	3.33
20	六老湖	8.00
21	金溪湖	2.67
22	晚湖	3.02
23	莲子湖	58.75
24	汉池湖	52.80
25	太阳湖	3.52
26	西湖渡	2.35
27	南姜湖	26.67
28	中湖池	1.92
29	大湖池	24.00
合计		417.86

江西省水产科学研究所于 2013 年 3～5 月对鄱阳湖鲤、鲫产卵场进行了现场考察，并结合长江三峡工程生态与环境监测系统湖口江段鄱阳湖渔业资源与渔业生态环境监测历年的资料调查得出，目前鄱阳湖较好的鲤产卵场有 19 处，分别是余干县的北口湾、鲫鱼湖、程家池、三洲湖，南昌县的大沙坊湖、三湖、团湖，新建区的北甲湖、东湖、上深湖、下深湖、常湖，庐山市的蚌湖，鄱阳县的莲子湖、汉池湖，永修县的大湖池、象湖、沙湖，以及都昌县的西湖渡。另外，南湖、林充湖、草湾湖、王罗湖、六潦湖、晚湖、太阳湖、南疆湖、大鸣湖、中湖池、边湖、云湖、外珠湖、金溪湖等也是鲤产卵场，总面积为 379.20 km²，主要是在结合 1∶250 000 鄱阳湖地形图的基础上通过 ArcMap 软件制作计算出来的，见图 4.58 和表 4.18。

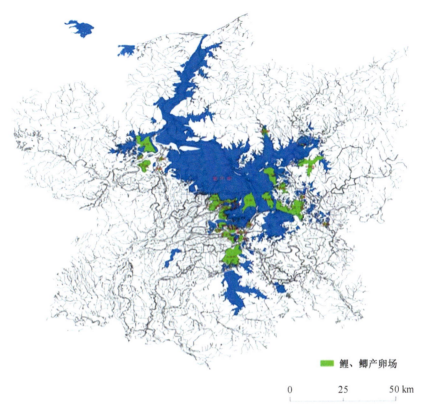

鲤、鲫产卵场

0   25   50 km

图 4.58   鄱阳湖鲤、鲫产卵场分布

表 4.18   鄱阳湖鲤产卵场面积及评价

序号	产卵场名称	面积（km²）	评价
1	东湖	30.73	良好
2	常湖	6.78	良好
3	北甲湖	5.68	良好
4	上深湖	0.36	良好
5	下深湖	0.96	良好
6	三湖	8.80	良好
7	大沙坊湖	14.03	良好
8	团湖	9.64	良好
9	边湖	3.56	
10	南湖	3.62	
11	北口湾	4.61	良好
12	林充湖	6.49	
13	鲫鱼湖	2.26	良好
14	沙湖	2.97	良好

序号	产卵场名称	面积（km²）	评价
15	蚌湖	34.45	良好
16	程家池	7.08	良好
17	草湾湖	6.00	
18	王罗湖	5.40	
19	三洲湖	2.50	良好
20	六潦湖	0.97	
21	金溪湖	48.33	
22	晚湖	1.97	
23	莲子湖	51.90	良好
24	汉池湖	24.84	良好
25	太阳湖	1.37	
26	西湖渡	6.55	良好
27	南疆湖	21.98	
28	中湖池	2.44	
29	大湖池	17.39	良好
30	外珠湖	31.08	
31	大鸣湖	11.01	
32	象湖	1.42	良好
33	云湖	2.03	
合计		379.20	

注：空白表示无数据

　　鲤、鲫产卵的时间在水文、水温、气象条件等因素的影响下有所变化，而产卵场的有效面积、产卵量与鄱阳湖水位有很大关系。鄱阳湖水位高时，大量的草洲被淹没，为鲤、鲫的产卵提供了优良的环境，产卵场面积大，产卵量多；鄱阳湖水位低时，大量的草洲显露出来，鲤、鲫的有效产卵场面积大幅度减小，产卵量也大幅度减少。

　　根据朱海虹、黄晓平、张燕萍等提供的数据以及此次调查数据，1997年产卵场面积为600 km²，鲤、鲫产卵量为20.00亿粒；1998年产卵场面积最大，为700 km²，鲤、鲫产卵量为90.00亿粒；2004年产卵场面积最小，为230 km²，鲤、鲫产卵量为35.80亿粒；2009年产卵场面积为332 km²，鲤、鲫产卵量为41.60亿粒；2013年产卵场面积为379 km²，鲤、鲫产卵量为47.14亿粒，见表4.19。

表4.19　鄱阳湖鲤、鲫产卵场面积及产卵量

年份	产卵场面积（km²）	产卵量（亿粒）
1996	858	—
1997	600	20.00

年份	产卵场面积（km²）	产卵量（亿粒）
1998	700	90.00
1999	550	60.56
2000	430	50.49
2001	550	40.47
2002	660	50.00
2003	433	48.97
2004	230	35.80
2005	321	42.50
2006	350	45.00
2009	332	41.60
2013	379	47.14
2016	437	—
2018	355	—

"—"表示无数据

4.6.3 鱼类早期资源演变

20世纪50年代初起，有关科研单位针对长江流域四大家鱼繁殖规模及产卵场等领域开展了一系列系统的调查工作，1958年起对长江干流四大家鱼的早期资源进行了为期9年的监测，研究结果表明，长江干流四大家鱼产卵场共有36处，年产1150亿粒卵，产卵场分布于长达1700 km左右的重庆巴南区至江西彭泽县江段内，其中尤以宜昌产卵场的规模最大，同时长江中游干流的主要支流也分布有四大家鱼的产卵场。长江四大家鱼产卵场调查队对葛洲坝截流后四大家鱼的产卵规模、产卵场分布等进行了研究分析，调查结果表明，长江干流上中游四大家鱼产卵场的地理分布同20世纪60年代的调查结果基本相同，自重庆到武穴的1520 km江段内共监测到四大家鱼产卵场24处，但其产卵总量仅为60年代调查结果的15.7%，资源量已严重衰减，产卵成色同60年代调查资料比较，草鱼和青鱼的比例显著增大，鳙的比例略有降低，而鲢的比例显著下降。1984～1986年吴国犀等（1988）在金沙江宜宾屏山一带江段开展了鱼类早期资源调查，首次在该江段下游发现了四大家鱼中草鱼的繁殖活动，调查显示，美姑河口附近至宜宾市叙州区柏溪街道的江段内广泛分布着草鱼的产卵场，其中年产卵规模达2000万粒以上的有4个，分别为新市镇、绥江、屏山和安边。2019年的调查结果表明，长江中上游干流约2300 km江段内，四大家鱼产卵场主要分布于宜宾、泸州、合江、涪陵区、宜昌、石首、监利、洪湖和武昌等18个江段，产卵规模为44.89亿粒，产卵场分布江段约284 km。产卵场分布在上游的有6个江段（产卵规模为0.96亿粒），分布在中游的有12个江段（产卵规模为43.93亿粒），产卵规模较大的（产卵量大于0.5亿粒）有葛洲坝下、胭收坝、红花套、白螺、汉口和汉口下6个江段。当前四大家鱼产卵总量仅相当于20世纪60年代的3.9%、20世纪80年代的24.86%，相比较而言，四大家鱼早期资源量严重衰退，近年来通过生态调度、增殖放流等促进了四大家鱼的鱼类资源恢复，且取得了良好效果，但总体的资源量仍较低。长江中上游流域产漂流性卵鱼类产卵场变化情况见表4.20，已消失历史产卵场分布见图4.59。

表4.20　长江中上游流域产漂流性卵鱼类产卵场变化情况

序号	产卵场	调查情况
1	金安桥	历史存在，现消失
2	朵美	历史存在，现消失
3	铁锁	历史存在，现消失
4	湾碧	历史存在，现消失
5	温泉	历史存在，现消失
6	观音岩	历史存在，现坝下仍存在产卵场
7	攀枝花	新增，城区产卵场被淹没，可能往下迁移
8	武定	新增
9	皎平渡	历史存在，现仍存在
10	会东	历史存在，现仍存在
11	会泽	历史存在，现仍存在
12	巧家	新增
13	溪洛渡	历史存在，现消失
14	佛滩	历史存在，现消失
15	新市镇	历史存在，现仍存在
16	屏山县	历史存在，现仍存在
17	柏溪镇	历史存在，现仍存在
18	翠屏区	新增
19	南溪区	历史存在，现仍存在
20	江安县	历史存在，现仍存在
21	泸州市	历史存在，现仍存在
22	弥陀镇	历史存在，现仍存在
23	合江县	历史存在，现仍存在
24	榕山镇	历史存在，现仍存在
25	羊石镇	历史存在，现仍存在
26	朱沱镇	新增
27	朱杨镇	历史存在，现仍存在
28	石门镇	新增
29	白沙镇	历史存在，现仍存在
30	巴南区	历史存在，现仍存在
31	峡口镇	历史存在，现仍存在
32	长寿区	历史存在，现仍存在
33	涪陵区	历史存在，现仍存在
34	珍溪镇	历史存在，现仍存在

续表

序号	产卵场	调查情况
35	高家镇	历史存在,现消失
36	忠县	历史存在,现消失
37	大丹溪	历史存在,现消失
38	云阳	历史存在,现消失
39	奉节	历史存在,现消失
40	巫山	历史存在,现消失
41	秭归	历史存在,现消失
42	宜昌坝上	历史存在,现消失
43	宜昌坝下	历史存在,现仍存在
44	白洋	历史存在,现未调查
45	枝城	历史存在,现未调查
46	江口	历史存在,现未调查
47	荆州	历史存在,现未调查
48	新厂	历史存在,现消失
49	石首	历史存在,现仍存在,产卵场范围和规模严重缩减
50	监利	历史存在,现仍存在,产卵场范围和规模严重缩减
51	洪湖	历史存在,现仍存在,产卵场范围和规模严重缩减
52	嘉鱼	历史存在,现未调查
53	新滩口	历史存在,现仍存在,产卵场范围和规模严重缩减
54	鄂城	历史存在,现未调查
55	道士袱	历史存在,现未调查

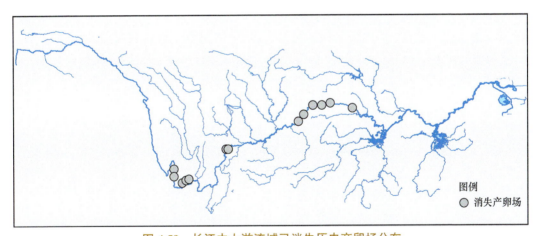

图 4.59　长江中上游流域已消失历史产卵场分布

　　长江十年禁渔后,有必要持续关注流域鱼类资源现存量持续变化趋势,同时关注种群结构演变规律,科学评估禁渔生态效果,同时加强补充群体调查与评估,为进一步生态修复提供数据支撑。

05

第 5 章　长江鱼类的保护与利用

5.1 长江鱼类面临的威胁

长江的鱼类资源是我国水系中最丰盛的，种类多、数量大，是我国宝贵的天然资源财富。鱼类在天然水体中保持一定的种群密度和种群结构，是对生态系统长期适应并达到生态学平衡的结果。随着长江流域经济快速发展，水域环境状况发生了巨大变化，受水体污染、过度捕捞、水利工程、江湖阻隔与围垦、生物入侵、岸线利用、航运与航道整治、采砂等的影响，长江流域河流生态系统严重退化，天然水生生境大幅度萎缩、空间格局破碎，水生生物的栖息生境发生明显变化，濒危、珍稀鱼类和江豚种群数量持续减少，中华鲟、长江鲟、胭脂鱼、四大家鱼等鱼卵和鱼苗大幅度减少，一些珍稀物种濒临灭绝，水生生物多样性指数持续下降，鱼类资源趋于小型化，长江鱼类资源已全面衰退，严重影响了其生态系统健康与鱼类多样性的组成和维持，其水生生物保护形势十分严峻。

5.1.1 水体污染

1. 长江流域水质现状

1970 年之前，长江水系水质良好。但改革开放以来，随着流域人口数量的快速增长和经济社会的迅猛发展，长江沿岸的生活污水和工农业废水的排放量加大，导致长江水系不断被污染。

据统计，长江流域废污水排放量占全国总量的比率持续增加，2003 年为 40.2%，2012 年增加到了 44.3%。2012 年长江流域入河排污总量达 222.4 亿 t，相比 2002 年增加了 6.4 倍。尽管近年来长江水质有所好转，长江干流和部分湖泊的水质状况良好，仍然适合水生生物的生长和繁衍，但是局部城市江段或部分支流和湖泊污染依然严重，如攀枝花、重庆、武汉、南京和上海江段等，超标指标包括大肠杆菌、石油类、总磷、有机物、汞和铅等，洞庭湖和鄱阳湖等长江流域重要通江湖泊 2017 年水质仍为 Ⅳ 类及以下，河口和近海的水质状况也不容乐观（Ⅱ～Ⅲ 类甚至更劣），检测到的污染物有 40 多种，特别是一些持久性有机污染物（POP）和重金属超标。

2. 水体污染对长江流域鱼类资源的影响

大量污水排放使长江污染程度日益加剧，鱼类的生存环境不断恶化。一方面，污水中的有毒污染物可使水中的浮游生物等鱼类的饵料生物减少，水中溶氧量降低，从而引起鱼类死亡，对鱼类造成严重的损失。例如，1982 年四川内江至泸州江段工厂排放大量有机物，水体溶氧量急剧下降，引起鱼类大量死亡；2000 年长江大渡河上游金光化工厂违法排放剧毒的泥磷和含黄磷废水，直接造成鱼类资源损失 4.81×10^5 kg；2004 年大渡河的污染事故导致大渡河大范围鱼类死亡绝迹，包括毒死了体重达 30 kg 的罕见胭脂鱼；2004 年沱江特大污染事故引起鱼类大量死亡。另一方面，局部水域的污染严重对长江水生动物的影响更为明显，由于长江许多鱼类往往需要在较大的范围进行迁徙，以完成生活史的不同阶段，局部水域严重污染会阻止鱼类洄游，废污水的过量排入导致湖泊和水库富营养化，进一步导致鱼类急性、亚急性中毒，或废污水过量排放导致重金属、POP和微塑料等有害污染物富集，通过生物富集作用使鱼类产生各种病害或死亡，对处于食物链顶级的水生动物（如长江豚类、白鲟、鳇、鲥等）的影响可能更为严重。例如，长江武汉段63.9%的沉积物重金属污染存在中等以上生态危害，测定的8种重金属含量均高于土壤背景值，其中镉污染最严重，为背景值的3～8倍；有些湖泊沉积物中也有明显的重金属富集；不少湖泊的POP检测值超标；微塑料污染在长江中下游水体中普遍存在，经济发达地区较严重，如在香溪河和太湖的鱼类以及中下游的河蚬体内检测到了微塑料残留，水中微塑料因被误食或通过其他途径进入水生生物体内，并通过食物链向高营养级传递。

5.1.2 过度捕捞

1. 长江流域捕捞现状

联合国粮食及农业组织报告指出，全球捕鱼数量已经逼近渔业可持续发展的极限值，大约90%的野生鱼类正面临过度捕捞，到2021年水产养殖业将成为鱼肉消费的主要来源，其供应量首次超过野生鱼供应数量。我国是世界上捕捞渔船和渔民数量最多的国家，由于长期采取粗放型、掠夺型的捕捞方式，传统优质渔业品种资源衰退程度加剧，捕捞生产效率和经济效益明显下降。

长江流域一直是我国淡水渔业的重要产区。根据《中国渔业统计年鉴》，长江流域捕捞产量与全国淡水捕捞产量的趋势是基本一致的，都是在2006年前后达到捕捞产量的高峰期，之后逐渐呈稳定下降趋势。例如，2006年全国淡水捕捞产量高达2 544 168 t，长江流域主要分布区四川省、重庆市、贵州省、湖北省、湖南省、江西省6个省（直辖市）合计捕捞933 078 t，约占全国淡水捕捞产量的36.7%；2018年全国淡水捕捞产量仅为1 963 871 t，长江流域主要分布区四川省、重庆市、贵州省、湖北省、湖南省、江西省6个省（直辖市）合计捕捞570 109 t，约占全国淡水捕捞产量的29.0%（图5.1）。从捕捞渔船的功率来看，2013～2014年达到高峰后逐渐降低，2018年全国淡水捕捞渔船功率仅为2 828 642 kW，长江流域主要分布区四川省、重庆市、贵州省、湖北省、湖南省、江西省6个省（直辖市）捕捞渔船功率合计为844 478 kW，仅占全国的29.9%（图5.2）。由此可见，不论是从捕捞产量还是捕捞渔船功率来看，长江流域的捕捞量近年来正在逐年萎缩，捕捞业正逐渐走向边缘化。

长江流域捕捞作业还具有以下特点：船型小、配备功率小，如船长小于12 m的占绝大多数；钢、木结构渔船较多，玻璃钢渔船较少；新能源、节能减排装备鲜有使用；主要的作业方式较为简单，大部分仍使用定置网和流刺网；禁渔期、渔具渔法、最小网目尺寸等要求各地不统一；船员年龄普遍偏大，呈老龄化趋势。同时，长江流域捕捞渔业还面临着以下问题：渔业资源保护与社会经济发展的矛盾；渔业资源保护管理与违法捕捞频发的矛盾；专业捕捞渔民的生存困境问题等。综合来看，长江流域捕捞渔业乃至淡水捕捞渔业的转型转业是社会发展的必然选择。

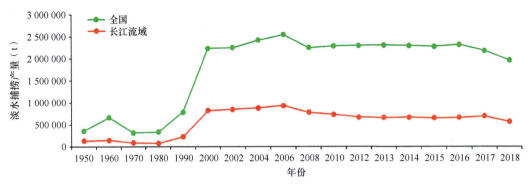

图 5.1　全国和长江流域淡水捕捞产量年际变化

长江流域的统计数据以主要分布区四川省、重庆市、贵州省、湖北省、湖南省、江西省 6 个省（市）总和来统计

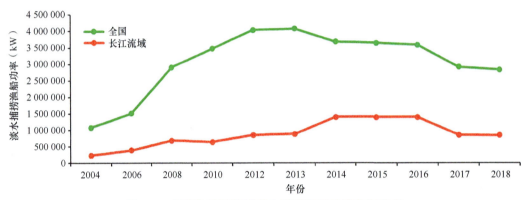

图 5.2　全国和长江流域淡水捕捞渔船功率年际变化

长江流域的统计数据以主要分布区四川省、重庆市、贵州省、湖北省、湖南省、江西省 6 个省（市）总和来统计

2. 过度捕捞对长江流域鱼类资源的影响

捕捞的直接影响包括选择性捕捞某些目标种类导致其生长速度、死亡率、繁殖力和补充量发生变化，同时捕捞通过捕获一些非目标对象或改变鱼类的栖息地状况间接影响鱼类群落结构，导致鱼类群落的生物量、物种组成、捕食者 - 猎物关系以及体长结构等发生变化。捕捞会导致水生动物资源直接减少，捕捞过度则可能导致水生生物资源枯竭或物种濒危，导致生物多样性丧失。

过度捕捞对渔业资源主要包括以下两个方面的影响。

（1）捕捞船只数量的不断增加，导致捕捞能力远远超过了长江水生动物的可持续捕捞量，进一步造成渔业资源的衰退。在过去的 50 年内，捕捞渔船由帆船改为机动船只，功率和吨位不断加大，船只数量不断增加，渔具不断改进。根据《中国渔业统计年鉴》，与 1990 年比，2014 年高峰期长江沿岸主要省份江西省、湖南省、湖北省、四川省、重庆市和贵州省合计的机动捕捞船只数量、吨位和功率分别增长了 1.12 倍、2.67 倍和 2.90 倍，捕捞能力已经超出了长江水生动物的可持续捕捞量，导致长江渔业资源量不断下降。根据《长江水系渔业资源》（长江水系渔业资源调查协作组，1990），1954 年长江流域六省一市（江苏、安徽、江西、湖南、湖北、四川和上海）渔业捕捞产量最高，达 4.5×10^8 kg，

1956～1960年捕捞产量相对稳定，一直维持在3×10^8～4×10^8 kg，20世纪80年代逐渐减少至2×10^8 kg左右。长江三峡工程生态与环境监测系统显示，20世纪90年代以后长江鱼类捕捞产量进一步降低，作为主要渔产区的三峡库区、坝下、洞庭湖、鄱阳湖及河口区1997～1999年的年均捕捞产量为1×10^8 kg左右，至2016年仅为0.6×10^8 kg左右（刘飞等，2019）。此外，过度捕捞还会导致渔获物小型化和低龄化问题突出，草鱼、青鱼、鲢、鳙、鳡等大型经济鱼类被黄颡鱼、红鳍原鲌和鲫等小型种类所取代，一些大型经济鱼类在未性成熟时即被大量捕捞（刘飞等，2019）。

（2）灭绝性、破坏性渔具渔法的滥用，造成许多重要鱼类资源衰退。由于鱼类资源的流动性和公有性等，往往出现单纯为获利而不顾全局、不顾资源可持续利用与长远利益的情况，不惜采用如"迷魂阵"、拦河网、设置鱼桩、筑坝及断溪截流，以及电、毒、炸等毁灭性的渔具渔法等，这种现象在长江支流和湖泊尤为严重。例如，2002年洞庭湖"迷魂阵"超过8000部，其捕获的鱼类70%以上为当年或1冬龄幼鱼；电捕鱼船达2000艘以上。鄱阳湖的"迷魂阵"在1978年只有27部，1983年增加到2400部，1986年猛增到9889部，所捕获的鱼类中50 g以下的个体超过60%（谢平，2018）。根据《2018年第3号公告：长江经济带生态环境保护审计结果》，11省近4年共发生非法电鱼案件3.46万起，年均增长8.8%，其中149起发生在珍稀鱼类保护区内，胭脂鱼等珍稀鱼类被电亡。因此，有害渔具渔法的使用，必然会破坏鱼类种群生态，减少补充群体数量，最终导致渔业资源衰竭。

5.1.3　水利工程

流域河流生态系统是由一系列不同级别的河流形成的完整系统，河流物理参数的连续变化梯度形成系统的连贯结构和相应的功能；河道物理结构、水文循环和能量输入在河流生物系统中产生一系列响应——连续的生物学调整，以及沿河有机质、养分、悬浮物等的运动、运输、利用和储蓄，即河流连续体概念（river continuum concept，RCC），其具有四维结构：纵向、横向、垂向和时间尺度。河道水利工程主要包括阻断工程（一般指大型水利枢纽工程）、堤防工程、水闸工程、裁弯取直工程、堵汊工程、疏浚工程、滩地开发工程等类型。水利工程的建设会影响河流生态系统的连续性和完整性，主要表现为三个层次：第一层次是筑坝对河流下游能量、物质（悬浮物、生源要素等）输送通量的影响；第二层次是河道结构（河道形态、泥沙淤积和冲刷等）和河流生态系统结构、功能（种群数量、物种数量、栖息地等）的变化；第三层次综合反映所有第一、第二层次影响引起的变化。

1. 长江流域水利工程概况

根据《第一次全国水利普查公报》，截至2011年我国共有水电站46 758座，装机容量为3.33亿kW。在规模以上水电站中，已建水电站有20 866座，装机容量为2.17亿kW；在建水电站有1324座，装机容量为1.10亿kW（中华人民共和国水利部和中华人民共和国国家统计局，2013）。全国的水闸中，过闸流量为1 m³/s及以上的水闸有268 476座，橡胶坝有2685座。在规模以上水闸中，已建水闸有96 226座，在建水闸有793座（中华人民共和国水利部和中华人民共和国国家统计局，2013）。

根据《长江流域综合规划（2012~2030年）》（水利部长江水利委员会，2012），长江流域水能资源丰富，理论蕴藏量达30.5万MW（含单河水能资源理论蕴藏量10 MW以下河流），年发电量为2.67万亿kW·h，约占全国总量的40%；技术可开发装机容量为28.1万MW（含单站装机容量0.1~0.5 MW以上的水电站），年发电量为1.30万亿kW·h，约占全国总量的50%。长江流域技术可开发的水能资源中，大型水电站数量多、比重大，共有大型水电站107座，装机容量为19.0万MW，年发电量为0.86万亿kW·h，分别占全流域的68%和66%；空间分布为西多东少、支流多于干流，上游装机容量为24.4万MW，占全流域的87%；干流、支流装机容量分别为11.2万MW和16.9万MW，分别占全流域的40%、60%。

截至2012年，长江流域已建、在建水电站装机容量为13.17万MW，占流域技术可开发装机容量的47%，年发电量为0.57万亿kW·h，占理论蕴藏量的21%，其中大型水电站有42座，装机容量为8.66万MW，年发电量为0.37万亿kW·h。长江下游地区水能资源已基本开发，中游已开发约1/2，上游已开发约1/3。近期建设大型水电站装机容量为6.12万MW，年发电量为2787亿kW·h；建设中型水电站装机容量约为1.79万MW，年发电量为830亿kW·h；小水电开发装机容量为0.9万MW，年发电量为432亿kW·h。近期水能资源开发利用量达到理论蕴藏量的36%左右，占技术可开发装机容量的75%左右。近期规划建设的大型水电站主要包括金沙江的梨园、阿海、金安桥、龙开口、鲁地拉、观音岩、金沙、银江、乌东德、白鹤滩和小南海，雅砻江的两河口、牙根、官地、桐子林，大渡河的双江口、金川、猴子岩、长河坝、黄金坪、硬梁包、大岗山、枕头坝一级、沙坪二级，岷江干流的十里铺，乌江的白马。远期继续兴建大型水电站装机容量为3.1万MW左右，年发电量约为1360亿kW·h；建设中型水电站装机容量约为1.27万MW，年发电量为630亿kW·h；小水电开发装机容量为1.1万MW，年发电量为528亿kW·h。远期水能资源开发利用量达到理论蕴藏量的45%左右，占技术可开发装机容量的95%左右。远期规划建设的大型水电站主要包括金沙江的岗托、波罗、叶巴滩、拉哇、苏洼龙、旭龙、虎跳峡河段梯级，雅砻江的仁青岭、英达、新龙、共科、龚坝沟、楞古、孟底沟、杨房沟、卡拉，大渡河的下尔呷、巴拉、达维、卜寺沟、巴底、丹巴、老鹰岩。金沙江虎跳峡河段应进一步加强对开发方式的研究，对存在的问题进行充分论证，协调开发与保护的关系，满足发电、供水、防洪等综合利用要求，做好与滇中引水工程的衔接，明确河段开发方案，如在短期内能形成一致意见，亦可考虑近期开发。

长江流域内已建成大型、中型、小型供水水库4.57万座，占全国供水水库总数的53.7%，其中大型供水水库有151座，总库容为1186亿m³，已建引水工程24.7万处，年引水能力为568.5亿m³，提水工程有12.1万处，年提水能力为767.9亿m³，跨水资源一级区的调水工程有11处，塘坝堰有480.7万处。

根据2008年全国农村水能资源调查成果，长江流域小水电（单站装机容量为0.1~50 MW）技术可开发装机容量为5.53万MW，年发电量为2438亿kW·h，分别约占全国的43.2%和45.6%。小水电主要分布在长江中上游的雅砻江、横江、岷江、沱江、赤水河、嘉陵江、乌江、清江、洞庭湖水系、汉江、鄱阳湖水系及其他中小支流，西藏、四川、云南、贵州、湖北、湖南等省（自治区）的小水电资源占全流域技术可开发装机容量的 70%以上，其中四川省是小水电资源最丰富的省份。长江流域已开发、正开发小水电装机容量为 3.32 万 MW，年发电量为 1495 亿 kW·h，占全国的 48%，其中东部区开发程度已超过 75%，中部区开发程度超过 60%，西部区开发程度为 50% 左右。

2. 水利工程对长江流域鱼类资源的影响

长江流域水电梯级开发现象严重，水利工程大坝的建设将原来连续的河流生态系统直接分割成不连续的生态单元，造成了生态景观的破碎。筑坝蓄水作用改变了河流的径流模式，水库的年调节、多年调节使水体交换量小、水体水文条件发生根本变化，水位的波动影响河流的生态过程和模式。

（1）水利工程建设改变河流水文情势，影响鱼类栖息、繁殖，造成鱼类空间分布格局改变。水利工程如大坝修建后，导致上游河流生态系统的水面增加、水深增大、流速减缓、泥沙沉积、水体透明度增加，上游河段由流水环境类型向静水水库环境类型转变，从而导致适应流水环境的水生生物栖息生境消失，如原本在河滩砾石上生长的着生藻类和底栖无脊椎动物消失，浮游生物大量滋生，初级生产力由着生藻类变为以浮游藻类为主，原本在流水环境中营底层生活的特有鱼类栖息生境消失，流水性鱼类资源持续减少，适应静水环境的鱼类资源有所增加，鱼类群落结构发生明显变化。例如，三峡工程二期蓄水后，库区万州以及涪陵江段的鱼类种类组成中的流水性鱼类减少，而喜静缓流水的鱼类种数增加；175 m 试验性蓄水对库中和库尾江段的鱼类群落结构的影响较大，但对库首以及库尾以上流水江段的影响均较小（杨志等，2015）。此外，大坝蓄水会引起下游河流水文、泥沙运移模式变化，大坝径流峰值降低，分割下游河流主河道与冲积平原的物质联系，导致冲积平原生态系统中部分物种退化、消失。工程运行后会引起水库环境中出现严重的水温分层现象，这种现象在多年调节水库尤其明显，最终导致下游下泄水的温度降低，影响鱼类生长和繁殖。例如，雅砻江二滩水电站 2～8 月坝下水温相比建坝前降低，3 月低 2.2℃，4 月低 2℃，9 月至翌年 2 月则水温升高，11 月高 2.1℃，12 月高 2.9℃；自加拿大弗雷泽（Fraser）河上修建 Moran 坝之后，在其下游 150 km 范围内的江段 8 月平均水温由建坝前的 15～19℃降至 13.5～16.6℃（Geen，1975）；三峡工程运行后，三峡坝下宜昌站的月平均水温在 4～5 月明显降低，4 月可降低 3.0℃，根据监测，长江中游四大家鱼繁殖期已平均推迟 22 d，而秋季坝下水温相对升高，导致中华鲟繁殖时间也由 10 月推迟至 11 月；丹江口水利枢纽兴建以后，由于坝下江段水温降低，该江段鱼类繁殖时间滞后 20 d 左右，当年出生幼鱼的个体较小、生长速度变慢，对比建坝前后冬季的数据，该江段草鱼当年幼鱼的体长和体重分别由建坝以前的 345 mm、78 g，下降至建坝以后的 297 mm、47.5 g（余志堂等，1981）。部分高坝泄水导致气体过饱和现象，会对坝下数百千米河流中鱼类和水生生物产生显著负面影响，会导致鱼类患气泡病，使鱼体上浮或游动失去平衡，严重时可引起大量死亡。气泡病对鱼苗危害最大，如三峡大坝开闸泄洪将空气卷入水中，使下游水域气体过饱和，导致鱼类患气泡病而死亡（谭德彩，2006）。

（2）水利工程建设影响河流连通性，导致鱼类洄游受阻，生境破碎化，造成鱼类不能产卵繁殖、获取饵料、越冬和有效完成生活史，最终导致渔业资源的大幅度减少。例如，葛洲坝和三峡水利枢纽的建成阻碍了部分到中下游成长发育的胭脂鱼返回上游,导致长江上游胭脂鱼资源量下降(张春光和赵亚辉,2001);葛洲坝水利枢纽修建以后,中华鲟上溯至金沙江下游产卵场的通道被阻断,尽管现在能够在坝下江段自然繁殖,但由于产卵场范围较建坝之前大大缩小,其种群数量已明显减少(柯福恩等,1984;常剑波,1999)。大坝阻隔还可能影响不同水域群体之间的遗传交流,导致种群整体遗传多样性丧失。长江上游大型水电工程建设还将在一定程度上改变江-湖(如长江与洞庭湖)的季节水位关系,一方面导致湖泊在鱼类生长期的水面减小,另一方面导致在长江繁殖的鱼苗无法进入湖泊生长肥育。按照已有水电建设规划实施水电开发,对长江上游水生生物将产生深远影响,流水性鱼类特别是众多的长江上游特有鱼类将面临灭绝的威胁。

5.1.4　江湖阻隔与围垦

湖泊是地球表面可被人类直接利用的重要淡水资源储存库,不仅具有调节河川径流、防洪减灾的重要作用,还具有拦截陆源污染、净化水质的巨大功能,同时湖泊又是地球表层系统中淡水水生生物丰富的地区,为人类生活提供了重要的优质动植物蛋白。因此,湖泊对保护人类的生存环境和水资源的持续利用具有重要的特殊地位。

我国是世界上湖泊数量和类型最多的国家之一,其中拥有湖泊数量较多和面积较大的3个一级流域是西北诸河流域、长江流域和松花江流域,分别占全国湖泊总数量的39.8%、24.1%和18.7%,分别占全国湖泊总面积的54.8%、21.2%和9.83%,其中长江流域的湖泊数量和面积居全国第二。

1. 长江流域江湖阻隔与围垦现状

根据《中国湖泊调查报告》(中国科学院南京地理与湖泊研究所,2019),长江流域近30年来消失的湖泊数量达86个(面积在1 km²以上),面积达420.2 km²,围垦湖泊的数量高达221个、面积合计866.86 km²,排全国之首。其中,云贵高原地区湖泊存在不同程度的围垦现象,如滇池北部、南部和东岸的湖滩湿地目前已被围垦殆尽。长江中下游地区主要有洞庭湖平原湖群、江汉平原湖群、皖赣平原湖群、苏皖平原湖群、太湖平原湖群。其中,洞庭湖平原湖群是由主体洞庭湖以及散布其周围的大小湖泊组成的湖群,洞庭湖是我国著名的五大淡水湖泊之一,多年来在泥淤滩涨、筑堤建垸、围垦等综合作用下发生迅速演变,由盛而衰,湖泊急剧萎缩,由1825年的6000 km²以上缩减至1995年的2625 km²,目前进一步缩减至2432.5 km²。20世纪50年代,江汉平原湖群尚有湖泊1066个,湖泊面积为8528.2 km²,因围垦填湖现已锐减到325个,水面缩小了3/4。皖赣平原湖群有我国面积最大的淡水湖——鄱阳湖,由于围湖造田、筑堤束水、上游兴建水库和湖区工农业用水量的不断增加等人为因素的影响,湖泊急剧萎缩,由中华人民共和国成立初期的4000 km²以上缩减至20世纪90年代的2933 km²。苏皖平原湖群的巢湖也是我国五大淡水湖泊之一,1957年建巢湖闸对巢湖进行人工控制,隔断了其与长江的自然联系,从此巢湖由天然湖泊演变为水库型湖泊,并且由于继续对滨湖滩地进行围垦,湖泊面积进一步缩减至700余平方千米。太湖平原湖群的太湖也是我国五大淡水湖泊之一,20世

50～70 年代对太湖的滩涂进行围湖利用，湖泊面积、湖泊形态和水系格局也发生了相应改变，165 个小型湖荡因围湖垦殖而消失或基本消失。

我国东部长江中下游平原湖泊、长江与两岸的湖群构成了独特的江湖复合生态系统，河川径流不断补给湖泊，维持湖泊正常水位和水量，为江湖水生生物繁衍提供洄游通道，在维系江湖水生生态系统稳定和生物多样性等方面发挥重要作用。历史上，长江中下游水系由众多浅水湖泊与长江自然贯通而成。自 20 世纪 50 年代中后期以来，湖泊被大量围垦，同时伴随修建水利工程，除洞庭湖、鄱阳湖、石臼湖等极少数湖泊保持着与长江的连通状态之外，众多大小湖泊与长江被隔离开来，形成江湖阻隔之势。例如，20 世纪 70 年代对固城湖尾闾建杨湾节制闸，导致固城湖不断萎缩，由天然湖泊演变为人工控制的水库型湖泊；石臼湖面貌已呈明显萎缩之状，但其尾闾仍与长江保持着自然沟通状态，是长江中下游地区众多湖泊中对长江洪水仍然具有天然调节作用的三大湖泊之一。皖赣平原湖群与鄱阳湖隔江相望的龙感湖、黄大湖和泊湖等，以及江汉平原湖群的洪湖、梁子湖、长湖、斧头湖、汈汊湖等，原与长江等江河自然沟通，中华人民共和国成立后，大规模的建闸筑坝等水利建设使其由天然型湖泊演变为人工控制的水库型湖泊，江湖之间水体的自然连续性被隔断，给湖泊生态环境带来了明显的负面影响。

2. 江湖阻隔与围垦对长江流域鱼类资源的影响

鱼类资源是湖泊生物资源中一种主要的资源类型，湖泊的实际鱼产量及渔产潜力受湖泊面积、水深、水质、气候条件、饵料生物种群数量及生产力等一系列自然因素的影响，同时也受渔业开发利用方式、繁殖保护措施及捕捞强度等诸多人为影响因素的制约。

（1）江湖阻隔导致鱼类洄游通道丧失，资源得不到补充。近几十年来，受人类防洪蓄水工程建设等因素的影响，湖泊与江河的自然联系被阻断，江湖阻隔导致湖泊丧失自然吞吐江河的能力，对湖泊洄游性鱼类和半洄游性鱼类的影响显著，进一步导致鱼类洄游通道丧失，鱼类资源群体得不到来自江河的适时补充，种类数量明显减少，资源量显著下降。例如，湖北洪湖在兴建隔堤和新滩口排水闸之前，鲚和银鱼每年 9～10 月形成鱼汛，洪湖市水产公司年收购量达 300～400 t，但至 1958 年其基本绝迹，青鱼、草鱼、鲢、鳙、鳊、鳡等江湖洄游性鱼类在总渔获量中的比例也由 50% 下降到 13%。作为我国第三大淡水湖的太湖，鱼类资源种类由 20 世纪 60 年代的 106 种下降到目前的 60～70 种，洄游性鱼类几乎绝迹。需注意的是，当闸门开启之时，江湖之间会有少数鱼类个体进行交换。因此，可适时开启闸门将长江中的鱼苗纳入阻隔湖泊中，以补充江湖洄游性鱼类的资源，即"灌江纳苗"，但此种措施补充鱼类资源的能力十分有限。

（2）江湖阻隔导致湖泊水文情势改变，水体富营养化程度加重，影响鱼类产卵繁殖育幼。湖泊涨落区、浅滩等多类型湿地丧失，生境单一化，天然状态下湖泊水位年变化与降水的年内分配变化相一致，年内最低水位一般出现在每年的 12 月至翌年 1～2 月，建闸后湖泊年内最低水位多出现在每年的 5～6 月（上旬），如南四湖、洪泽湖等，而此时正是水温回升，适宜鲤、鲫等鱼类产卵繁殖的时期，但实际上鲤、鲫等鱼类产卵还要求水位的起涨，以提供一定规模的产卵场所。江湖阻隔后，由于水位的起涨与水温的回升不同步，严重影响鲤、鲫等鱼类的自然增殖，因此渔业资源衰退。同时，由于湖泊失去了与长江的天然水力联系，湖泊换水周期延长，如巢湖换水周期达210.4 d、南四湖达222.6 d、太湖达310.5 d，延长了入湖污染物质的滞留，湖泊水体的自净能力下降，加重了湖泊水质恶化和富营养化趋势，如巢湖蓝藻水华严重、南四湖满湖水草，导致经常出现死鱼现象，造成天然鱼类资源量显著下降。

（3）围垦改变了湖区地表形态，削弱了湖泊调蓄功能，减少了水生生物栖息面积。湖泊本是江河的"调节器"，但经围垦后不但减少了对江河洪水调蓄的容积，而且广大圩区的涝渍水反而要向江河排放。围垦恶化了湖区的水情，使洪水出现频率升高，洪水位抬高，持续时间延长。湖泊围垦后，极大地减少了水生生物的栖息面积，使湖泊水生生物丧失了广大的生长和栖息空间，尤其是滩地区域的水生植物种类和面积的减少，导致鱼类索饵、栖息、产卵的场所受到破坏，湖泊水生生物种类不断减少，生物多样性受到严重干扰和破坏。例如，太湖20世纪60年代有鱼类101种，至90年代减少至60种；洪湖20世纪50年代有鱼类100余种、水生植物92种，现仅存鱼类50余种、水生植物68种；鄱阳湖和洞庭湖的鲥，以及长江中下游湖泊常见的鳗鲡、刀鲚、河豚、河蟹等，现都已是稀有濒危物种；太湖、滆湖在20世纪50年代的芦苇生长面积为 $1.3 \times 10^4 \, \mathrm{hm^2}$，至80年代因围垦减少至 $1.97 \times 10^2 \, \mathrm{hm^2}$；鄱阳湖南部滩地在20世纪60年代有鲤、鲫产卵场55处，面积为 $5.2 \times 10^4 \, \mathrm{hm^2}$，至80年代因围垦仅剩14处，面积减少了一半，至 $2.6 \times 10^4 \, \mathrm{hm^2}$。

5.1.5　生物入侵

生物入侵指生物由原生存地经自然的或人为的途径侵入另一个新的环境，对入侵地的生物多样性、农林牧渔业生产以及人类健康造成经济损失或生态灾难的过程，包括外来种入侵和本地种迁移等。入侵渠道包括自然入侵、无意引进、有意引进等，其中有意引进是外来生物入侵最主要的渠道。

我国已成为外来生物入侵最严重的国家之一。据不完全统计，目前长江流域自然水体中出现的外来鱼类多达20余种，多是由于人工养殖而进行引种、杂交等，从而扩散到自然水体中，对长江水生生物构成了入侵威胁。例如，长江流域养殖的外来物种包括斑点叉尾鮰、6种主要的引进鲟（俄罗斯鲟、西伯利亚鲟、施氏鲟、达氏鲟、杂交鲟、匙吻鲟）、美国红鱼等，已经在长江天然水域中被发现，它们可能与长江的几种鲟、3种鲟、胭脂鱼等构成竞争，形成入侵危害。克氏原螯虾（俗称"小龙虾"）在长江中下游湖泊、池塘与河流已经广泛分布，还在长江下游干流形成优势种群（在张网渔获中已排列在渔获量第9位），该物种具有极其顽强的生命力，是耐污染、耐低氧的甲壳类，可能与本地甲壳类（如中华绒螯蟹）存在食物和领域竞争。此外，其他非长江干流的中华绒螯蟹的广泛养殖，导致长江中华绒螯蟹种质混杂，四大家鱼人工繁殖苗种逃逸到长江和被放流到天然湖泊，导致长江天然水系四大家鱼可能几乎没有纯野生种，这些都可能是导致长江水生生物多样性丧失的原因，同时给水产养殖业的发展带来了潜在威胁。在水生植物入侵方面，除水葫芦之外，还有互花米草，其对长江口九段沙湿地国家级自然保护区构成了入侵，造成了该自然保护区植物多样性下降，抑制了底栖动物的生长等。

此外，长江鱼类在流域内部的异地出现现象及其危害不容忽视。目前，滇池和邛海等长江上游附属水体的土著鱼类已经被来自长江中下游的鱼类所取代。60 年间，滇池的外来鱼类由原来的 2 种增加到现在的 28 种，外来鱼类不断挤压土著鱼类的生存空间，并大量吞食土著鱼类的鱼卵和幼鱼，加上水污染等多重因素的影响，滇池 84.0% 的土著鱼类（如云南鲴和多鳞白鱼等）已基本绝迹，现在仅剩 4 种。水利工程建设等人类活动造成的河流生态环境变化进一步加剧了外来鱼类入侵和蔓延的风险。在三峡水库修建后，库区及其上游外来入侵鱼类呈明显增多态势，目前已发现外来鱼类 23 种，其中来自长江中下游的中国大银鱼 *Protosalanx chinensis*、太湖新银鱼 *Neosalanx taihuensis* 和短吻间银鱼 *Hemisalanx brachyrostralis* 发展尤为迅猛，已经成为库区的重要商业捕捞对象，如不采取有效措施，三峡库区的外来鱼类数量仍将继续增加，并将给库区土著鱼类带来严重的不利影响。

5.1.6　其他

1. 航运与航道整治

长江是我国内河航运最发达的水系，沟通着东部、中部、西部和长江南北地区。干支流通航里程约为 7.1 万 km，占全国内河通航总里程的 56%，其中Ⅲ级以上航道长 3920 km，Ⅳ级航道长 3130 km，分别占全国航道总长的 46.8% 和 45.4%。

长江干线从水富至长江口的航道全长为 2837.6 km，基本为Ⅲ级以上航道。上游水富至宜昌的航道长 1074 km，可通航 500～3000 t 级内河船舶，其中重庆至宜昌的航道可通航 3000 t 级内河船舶；中游宜昌至武汉的航道长 624 km，可通航 1000～5000 t 级船舶组成的船队；武汉至湖口的航道长 276 km，可通航 5000 t 级海船；下游湖口至南京的航道长 432 km，可通航 5000～10 000 t 级海船；南京至长江口的航道长 431.6 km，可通航 3 万～5 万 t 级海船。

长江上游支流通航里程为 12 410 km，除嘉陵江、岷江、乌江、赤水河等支流的下游河段可通航 100～500 t 级船舶外，其他河段通航条件均很差，有的只能季节性通航；中游支流通航里程为 25 960 km，航道等级较上游有所提高，汉江、湘江、沅江、赣江等支流的中下游可通航 500～1000 t 级船舶，洞庭湖区航道、江汉平原航道及鄱阳湖区航道能局部成网，航道条件较好；下游支流通航里程为 30 050 km，多为水网河渠，可通航 50～1000 t 级船舶，虽然航道等级多数偏低，但大部分能成网，可相互沟通，是我国内河航运最发达的地区。

航运对水生动物的影响显著，主要表现在两个方面。一是螺旋桨对大型水生动物造成直接伤害，如经常报道的长江豚类和中华鲟死亡事故，多数是被螺旋桨打伤而死亡；航行船舶和挖砂采石船舶产生水下噪声，干扰和损害水生动物的听觉系统，特别是对依靠声呐定位和摄食的长江豚类的影响是显著的。二是航运发展所带来的一系列人类活动，如港口和码头建设、航道整治和疏浚及客运发展等，都给长江水生生物带来了负面影响或隐患，有些影响是较为严重的。例如，航道整治可能导致鱼类产卵场或栖息地（藏匿地）消失，炸礁可直接损伤或炸死水生动物（如白鱀豚、江豚炸死事件）。

2. 采砂

长江采砂始于 20 世纪 50 年代，当时主要是在荆江河段枯水期采挖卵石，未形成规模。到了 20 世纪 80 年代，长江中下游河道内机械采砂规模逐渐扩大，采砂范围不断延展，船只多达上千艘，其中大多数是非法采砂。2001 年后，采砂活动迅速转移至鄱阳湖和洞庭湖及其支流，规模和范围甚大。以鄱阳湖为例，2001～2005 年采砂船由 140 艘增至 450 艘，2010 年后采砂区域由北部扩展到中部，采砂船又增加了 90 多艘。

采砂对水生生物的影响是显著的，包括以下四个方面：①大量泥沙被吸走，改变水下地形，破坏了底部栖息地或产卵场，影响底栖生物和水生植物的生存，如金沙江柏溪白鲟产卵场因采砂而改变，白鲟、中华鲟不再在此产卵；②改变水力学条件导致水体浑浊，悬浮物浓度急剧增加，直接影响浮游生物，抑制植物生长，如鄱阳湖北部含沙量高达 0.35 kg/m³，夏秋季透明度由约 1.5 m 降至 0.1～0.5 m；③船舶的废水、油污、垃圾、噪声、光等污染，可能促进水底污染物的释放，影响鱼类、江豚、水鸟等重要动物的摄食、繁殖、迁徙、交流等活动；④改变水文地貌及相关过程，造成堤坝崩塌，缩减湖泊和湿地的面积。

5.2　长江鱼类的保护与利用

5.2.1　长江鱼类的保护

为了保护长江鱼类资源，目前我国已采取了多种保护措施，如限制捕捞、人工繁殖放流、建立自然保护区等，这些也是国际上通常采用的保护措施。这些保护措施对鱼类资源起到了一定的保护作用，但这些措施目前都存在不同程度的不足，并没有达到对鱼类资源的全面保护。

1. 限制捕捞

《中华人民共和国渔业法》明确规定，取缔"迷魂阵"等破坏性渔具，打击电鱼、毒鱼和炸鱼等违法活动。2002 年起农业部开始在长江中下游试行为期 3 个月的春季禁渔，2003 年对长江流域全面实行禁渔制度，设置禁渔期、设立禁渔区等，严格禁捕繁殖群体和集群幼鱼。禁渔范围为云南省德钦县以下至长江口的长江干流、部分一级支流和鄱阳湖区、洞庭湖区。长江上游的禁渔时间为每年 2 月 1 日至 4 月 30 日，长江中下游的禁渔时间为每年 4 月 1 日至 6 月 30 日。禁渔对象为所有捕捞作业类型（休闲垂钓除外）。实行禁渔制度，树立了长江生态环境和渔业资源保护的理念，阶段性地降低了捕捞强度，带动了长江流域内江、湖泊的渔业管理，探索了我国大江、大河流域渔业资源、生态环境保护的途径。

长江春季禁渔制度的实行在减缓中下游部分江段的鱼类资源下降趋势和提高鱼类生物多样性等方面起到了一定的作用，如通过对长江上游干流春季禁渔制度实行前后 3 年的渔获物结构和生物多样性分析，得出春季禁渔之后长江上游鱼类的物种丰富度、均匀度等有所提高，群落结构趋于复杂，长江上游的春季禁渔效果初步显示出来了。中国水产科学院长江水产研究所和淡水渔业研究中心的监测报告显示，禁渔 5 年来长江各江段渔业资源整体平稳，部分江段禁渔期间资源趋于好转，但渔业资源总体状况未根本好转，部分江段仍不容乐观（沈雪达和杨正勇，2008）。总的来说，禁渔制度的实行虽对长江上游鱼类资源起到了一定的保护作用，但近期的实施效果并没有达到非常理想的程度，而且禁渔制度只在短期内保护了渔业资源，并不能从根本上解决鱼类资源保护的问题。

现阶段长江鱼类资源严重衰减，已不足以支撑 14 万渔民的生活，全面禁止捕捞已是大势所趋。2016 年 12 月 27 日，农业部发布《关于赤水河流域全面禁渔的通告》，宣布从 2017 年 1 月起开始在赤水河实施全面禁渔。监测表明，作为国内首条全面禁渔的河流，目前赤水河的禁渔效果已经初步显现，鱼类资源得到了一定程度的恢复（刘飞等，2019）。农业农村部、财政部、人力资源和社会保障部于 2019 年 1 月 6 日联合发布的《长江流域重点水域禁捕和建立补偿制度实施方案》明确规定：从 2020 年开始，长江流域重点水域将全面进入 10 年禁捕的休养生息期。实施长江流域重点水域禁捕既是贯彻落实党中央、国务院决策部署的重要措施，也是有效缓解长江生物资源衰退和生物多样性下降危机的关键之举。

2. 人工繁殖放流

人工繁殖放流是目前常用的鱼类资源保护的重要措施之一，是为了增强鱼类种群自我更替和发展能力，达到保护和恢复地方鱼类种群的目的。放流对象包括国家重点保护动物、受人类活动影响较显著的特有鱼类、一些重要经济鱼类等。目前我国最常见的是中华鲟、长江鲟、四大家鱼等的人工繁殖放流。例如，我国在 1984～2005 年累计放流中华鲟幼鱼和鱼苗 453 余万尾，2005～2008 年累计放流中华鲟幼苗 35 余万尾（常剑波和曹文宣，1999；杨德国等，2005；朱滨等，2009）。2005～2008 年宜宾珍稀水生动物研究所累计向长江上游干流放流长江鲟苗种 43 000 余尾（朱滨等，2009）。长江上游江段于 2005～2008 年开始实验性放流细鳞裂腹鱼、鲈鲤、岩原鲤、圆口铜鱼等特有鱼类，但规模较小。在 2005～2007 年的 3 年间各省（市）累计向长江流域放流四大家鱼 10 万余尾（朱滨等，2009）。由此可以看出，目前我国仍然以放流一些经济鱼类为主，以提高水域渔业产量为目的，但这种放流目的和放流对象受到了一些科研工作者的质疑，因为这种资源增殖性放流并不能有效地保护长江流域的鱼类资源，甚至有可能会造成自然条件下鱼类种质资源的衰退。另外，我国对这些人工繁殖放流效果的评价工作相对较为薄弱，现有的研究结果仅表明中华鲟人工放流个体可以对中华鲟资源起到一定的补偿作用，但目前情况下，自然繁殖的中华鲟仍然是其野生种群资源的主要来源。而对四大家鱼等经济鱼类的放流效果还没有明确的评价体系。

总之，我国鱼类的人工繁殖放流工作存在诸多问题，如相关法律法规不健全，管理工作分散，缺乏有效的技术支撑体系，对放流对象、时间和地点的选择不合适，放流目的不恰当，宣传力度大但实际放流效果却不显著等。因此，在今后实行人工繁殖放流时，应该主要以一些受到人类活动影响巨大的珍稀、特有鱼类为放流对象，并建立健全的放流机构、管理体制和评价体系，对人工繁殖放流对象的规格、规模、时间、地点等进行严格控制，同时还需对放流对象的自然种质资源进行实时的监测，以能真正达到对鱼类资源进行保护的目的。

3. 建立自然保护区

建立自然保护区是保护濒危物种、保持生物多样性最好的方法。自然保护区的建立可以保护当地物种的原始种群，保持鱼类群落结构和生境的稳定，为物种资源的长期维持奠定坚实的基础。为了保护长江上游高度特化的鱼类区系组成，长江上游已建立了一个鱼类自然保护区。1996 年经泸州市人民政府和宜宾地区行政公署批准，分别建立了长江泸州段特有鱼类自然保护区和长江宜宾段珍稀特有鱼类自然保护区。1997 年经四川省人民政府批准，将这两个自然保护区合并，定名为"长江合江—雷波段省级自然保护区"，主要保护对象为长江鲟、白鲟和胭脂鱼等长江上游珍稀鱼类及水域生态系统。2000 年经国务院批准，该省级自然保护区升级为国家级自然保护区。2005 年为了减缓三峡大坝和金沙江梯级开发对鱼类资源的影响，调整了该保护区的范围，并改名为"长江上游珍稀特有鱼类国家级自然保护区"，主要保护对象是白鲟、长江鲟、胭脂鱼等长江上游珍稀鱼类及其产卵场以及分布在该区域的另外 66 种特有鱼类及其赖以生存的生态环境。该保护区的建立为长江上游大部分珍稀、特有鱼类的生存提供了基本保证，但还有很多水域特有种的生存环境并不能得到保障，而且该保护区目前的管理、运行体制并不健全，并没有完全发挥出自然保护区的功能，实际保护效果并不是非常显著。因此，仅仅这一个自然保护区对于长江上游特有鱼类资源的保护并不够，在水利开发与鱼类资源保护协调发展的前提下，应该针对不同的保护对象建立多个自然保护区，并充分发挥出这些自然保护区的全部功能。例如，在金沙江上游的藏曲、金沙江中游的水洛河、金沙江下游的乌东德库尾至观音岩之间的干流江段以及支流黑水河建立鱼类自然保护区，以减缓水电梯级开发对长江上游珍稀特有鱼类的不利影响。

4. 其他保护措施

除了上述限制捕捞、人工繁殖放流、建立自然保护区等主要保护措施，长江流域还划定生态保护红线，进行生态调度、栖息地修复，设置过鱼设施等。

生态保护红线是鱼类等水生生物赖以生存的重要保障，同时也是保障和维护国家生态安全的底线和生命线。目前，长江流域各省（市）基本上都划定了生态保护红线，但是这些生态红线偏重陆域和区域保护，对水域生态环境的保护考虑不够。因此，建议按照《国务院办公厅关于加强长江水生生物保护工作的意见》，从流域的角度统一划定生态保护红线，统筹水域与水岸、水域与陆地保护，立法控制水资源开发利用总量、水体纳污总量和水资源利用效率。

生态调度是在不同时间下放不同水流，以保证下游河段主要或关键生物类群的正常生存繁衍，保证河流生态系统服务功能的正常发挥。例如，三峡水库调度在保障下游河道鱼类越冬、繁殖、秋季育肥最小生态需求量的基础上，按照四大家鱼性腺发育和繁殖的生理需要，在家鱼繁殖期内，特别是 5 月中旬至 6 月上旬，安排 1～2 次人造洪峰，保持下游实现连续的涨水过程和幅度较大的日水位波动，为四大家鱼繁殖提供水流条件。虽然长江流域水库生态调度积累了一些经验，取得了一定成效，但研究基础还很薄弱，长江流域控制性水库群生态调度目前尚处于初步阶段。除针对四大家鱼自然繁殖外，对于其他重要物种、重要生态功能区、湿地保护和水环境修复等方面的调度指标、可行性研究均处于起步阶段，对流域层面的水库群生态调度关键技术及水库群调度运行对水生态环境的影响等方面的研究也还有待进一步加强；虽然开展了水库泥沙减淤调度、补水调度、压咸调度、遏制汉江下游水华应急调度和溪洛渡分层取水生态调度试验，但取得的经验十分有限。

鱼类栖息地修复是水利水电开发过程中保护鱼类资源的有效措施之一。近几年来，鱼类栖息地人工修复工作逐渐取得进展。例如，长江下游靖江段植被培育、生态浮床克服了流水环境植被修复的主要困难，人工鱼巢和产卵场人工修复初步探明了产黏沉性卵鱼类的产卵条件和环境需求，实现了鱼类的产卵和附着。针对金沙江中游阿海、观音岩、梨园等水电站以及雅砻江两河口水电站等影响区内的产黏沉性卵鱼类开展了人工模拟产卵场工作。但是，目前国内鱼类栖息地修复工作仍处于起步阶段，修复措施的效果如何还有待进一步研究。

过鱼设施是根据具体过鱼对象来设计，鱼的个体大小、向流行为特点、克服流速能力、活动水层、洄游时期等参数是不可缺少的。过鱼设施只能对个别的种或少数几种鱼起作用，不可能作用到江河中所有的鱼，而且过鱼设施只能使鱼类上溯，不能供鱼类下行，所能通过的鱼群数量仅占溯游鱼群中很小的一部分。因此，过鱼设施在减缓水利工程的大坝阻隔方面发挥的作用十分有限。

5.2.2 长江鱼类的利用

鱼类资源与其他生物资源一样，属于可更新的自然资源，如能合理适当地利用就可获得相对稳定的资源量。天然水体中鱼类资源的利用由来已久，源于直接捕捞野生鱼类，但随着人类对鱼产品需求量的增长，水产养殖业得到大力发展。长江拥有丰富的鱼类物种资源和独有的大量珍稀、特有鱼类，是我国养殖鱼类的重要基因库来源，不仅具有重要的科学经济价值，而且具有文化观赏价值。

1. 是养殖鱼类的重要基因库来源

长江是我国淡水渔业最重要的产区，渔产量约占全国淡水鱼产量的60%。在我国主要的35种淡水养殖对象中，在长江自然分布的有26种，其中四大家鱼等种类的品质被认为是我国所有水系中最优的。长江的许多珍贵鱼类，如鳜、长吻鮠、南方鲇、胭脂鱼等是近30年开发的养殖种类，而黄颡鱼、中华倒刺鲃、岩原鲤、黑尾近红鲌等是近20年开发的养殖种类，因此长江也被形象地誉为"我国淡水渔业种质资源库"。每个鱼类物种都有一个基因库，长江特有种高达183种，是我国淡水鱼类资源中的重要特有基因库。

2. 具有科学价值

长江丰富的鱼类种类和独有的大量珍稀、特有鱼类，对维持生物多样性和生态系统的完整性有重要的价值，是大自然遗留下来的宝贵的种质资源。每一个物种便是一个基因库，含有大量特异的遗传物质，是其他物种所不能取代的，如果物种灭绝，它所含有的遗传物质将不复存在。现代的生物地理学、系统发育学等学科，常以淡水鱼类为研究对象，因为鱼类终生在水里生活，其分布严格受到分水岭的限制，从其现生类群的分布格局和系统发育关系，可以探索地质历史上地貌、气候的变化。长江的珍稀、特有鱼类除了对研究古地理、古气候有重要的科学价值，在鱼类学和动物分类学研究中更具有特殊的价值。此外，珍稀、特有鱼类的特殊的形态、适应急流的能力以及行为特征等，有许多问题值得深入研究。中华金沙鳅是能够在江河急流中高速游动的鱼类，其身体背侧的鳞片上具有发达的棱脊，列成纵行，突出于身体表面，这是否具有减小阻力的整流作用值得研究，深入的研究结果可能对我国国防工业和航海业有参考价值。对于长江珍稀、特有鱼类的科学价值，已有的认识还是初步的、零星的，有许多具有重要科学意义的问题，有待于今后开展深入的研究。

3. 具有经济价值

长江鱼类中，有一些种类是当地的主要经济鱼类。长薄鳅、鲴类、近红鲌类、厚颌鲂、圆口铜鱼、长鳍吻鮈、四川白甲鱼、鲈鲤、华鲮、裂腹鱼类、岩原鲤等特有鱼类，是上游常见的经济鱼类。在干流中，圆口铜鱼的产量占很大比重，一般占总渔获量的 20% 左右，在个别江段可高达 50%。对于一些肉质好、生长快、体型大的特有鱼类，可将其驯化为人工养殖对象。

4. 具有文化观赏价值

长江鱼类有很多物种具有观赏价值。例如，20 世纪 80 年代在新加坡举行的世界观赏鱼博览会上，长薄鳅被评为一等奖。实际上，长江上游的薄鳅属和沙鳅属的其他特有种，都具有鲜艳的色彩和奇异的斑纹，也具有很高的观赏价值；胭脂鱼人工繁殖的幼鱼，目前已成为畅销的观赏鱼，其体色绚丽，形态特殊，尤其是高耸的背鳍酷似船帆，很有特色。

参 考 文 献

曹文宣. 2009. 如果长江能休息: 长江鱼类保护纵横谈. 中国三峡, (12): 148-156.

曹文宣, 何舜平, 等. 2024. 中国动物志 硬骨鱼纲 鲤形目 (上卷). 北京: 科学出版社.

曹文宣, 郑慈英. 1989. 珠江鱼类志. 北京: 科学出版社.

常剑波. 1999. 长江国华鲟繁殖群体结构特征和数量变动趋势研究. 武汉: 中国科学院水生生物研究所.

常剑波, 曹文宣. 1999. 中华鲟物种保护的历史与前景. 水生生物学报, 23(6): 712-720.

长江水利委员会水文局. 2003. 长江志: 水系. 北京: 中国大百科全书出版社.

长江水系渔业资源调查协作组. 1990. 长江水系渔业资源. 北京: 海洋出版社: 54-55.

陈宜瑜. 1998a. 横断山区鱼类. 北京: 科学出版社.

陈宜瑜. 1998b. 中国动物志 硬骨鱼纲 鲤形目 (中卷). 北京: 科学出版社.

褚新洛, 陈银瑞, 等. 1989. 云南鱼类志: 上册. 北京: 科学出版社.

褚新洛, 陈银瑞, 等. 1990. 云南鱼类志: 下册. 北京: 科学出版社.

褚新洛, 郑葆珊, 戴定远. 1999. 中国动物志 硬骨鱼纲 鲇形目. 北京: 科学出版社.

丁瑞华. 1994. 四川鱼类志. 成都: 四川科学技术出版社.

高玉玲, 连煜, 朱铁群. 2004. 关于黄河鱼类资源保护的思考. 人民黄河, 26(10): 12-14.

广西壮族自治区水产研究所, 中国科学院动物研究所. 1981. 广西淡水鱼类志. 南宁: 广西人民出版社.

湖北省水生生物研究所鱼类研究室. 1976. 长江鱼类. 北京: 科学出版社.

湖南省水产科学研究所. 1977. 湖南鱼类志. 长沙: 湖南人民出版社.

金鑫波. 2006. 中国动物志 硬骨鱼纲 鲉形目. 北京: 科学出版社.

柯福恩, 胡德高, 张国良. 1984. 葛洲坝水利枢纽对中华鲟的影响——数量变动调查报告. 淡水渔业, (3): 16-19.

乐佩琦, 等. 2000. 中国动物志 硬骨鱼纲 鲤形目 (下卷). 北京: 科学出版社.

李思忠, 张春光. 2011. 中国动物志 硬骨鱼纲 银汉鱼目 鳉形目 颌针鱼目 蛇鳗目 鳕形目. 北京: 科学出版社.

刘飞, 林鹏程, 黎明政, 等. 2019. 长江流域鱼类资源现状与保护对策. 水生生物学报 (增刊), 43: 144-156.

刘建康. 1999. 高级水生生物学. 北京: 科学出版社: 284.

倪勇, 伍汉霖. 2006. 江苏鱼类志. 北京: 中国农业出版社.

倪勇, 朱成德. 2005. 太湖鱼类志. 上海: 上海科学技术出版社.

任慕莲. 1994. 黑龙江的鱼类区系. 水产学杂志, 7(1): 1-14.

陕西省动物研究所, 中国科学院水生生物研究所, 兰州大学生物系. 1987. 秦岭鱼类志. 北京: 科学出版社: 230-236.

陕西省水产研究所, 陕西师范大学生物系. 1992. 陕西鱼类志. 西安: 陕西科学技术出版社.

沈雪达, 杨正勇. 2008 我国长江禁渔期制度实施效果分析与对策研究. 改革与战略, (10): 36-

38+42.

施白南. 1990. 四川江河渔业资源和区划. 重庆: 西南大学出版社.

水利部长江水利委员会. 2012. 长江流域综合规划 (2012~2030 年).

四川省嘉陵江水系鱼类资源调查组. 1980. 嘉陵江水系鱼类资源调查报告.

四川省农业区划委员会,《四川江河鱼类资源与利用保护》编委会. 1991. 四川江河鱼类资源与利用保护. 成都: 四川科学技术出版社: 12-18.

苏锦祥, 李春生. 2002. 中国动物志 硬骨鱼纲 鲀形目 海蛾鱼目 喉盘鱼目 鲛鳙目. 北京: 科学出版社.

谭德彩. 2006. 三峡工程致气体过饱和对鱼类致死效应的研究. 重庆: 西南大学硕士学位论文 .

王苏民, 窦鸿身, 陈克造, 等. 1998. 中国湖泊志. 北京: 科学出版社.

吴国犀, 刘乐和, 王志玲, 等. 1988 长江上游金沙江江段草鱼自然繁殖的研究. 淡水渔业, (1): 3-6.

伍汉霖, 钟俊生. 2008. 中国动物志 硬骨鱼纲 鲈形目 (五) 虾虎鱼亚目. 北京: 科学出版社 .

伍律, 等. 1989. 贵州鱼类志. 贵阳: 贵州人民出版社.

武云飞, 吴翠珍. 1992. 青藏高原鱼类. 成都: 四川科学技术出版社.

西藏自治区水产局. 1995. 西藏鱼类及其资源. 北京: 中国农业出版社.

谢平. 2018. 从历史起源和现代生态透视长江的生物多样性危机. 北京: 科学出版社.

杨德国, 危起伟, 王凯, 等. 2005. 人工标志放流中华鲟幼鱼的降河洄游. 水生生物学报, 29(1): 26-30.

杨干荣. 1987. 湖北鱼类志. 武汉: 湖北科学技术出版社.

杨志, 唐会元, 朱迪, 等. 2015. 三峡水库 175m 试验性蓄水期库区及其上游江段鱼类群落结构时空分布格局. 生态学报, 35(15): 5064-5075.

殷名称. 1995. 鱼类生态学. 北京: 中国农业出版社.

余志堂, 邓中粦, 许蕴轩. 1981. 丹江口水利枢纽兴建以后的汉江鱼类资源. 武汉: 科学出版社: 77-96.

张春光, 褚新洛, 陈宜瑜, 等. 2010. 中国动物志 硬骨鱼纲 鳗鲡目 背棘鱼目. 北京: 科学出版社.

张春光, 赵亚辉. 2001. 长江胭脂鱼的洄游问题及水利工程对其资源的影响. 动物学报, 47(5): 518-521.

张春光, 赵亚辉. 2016. 中国内陆鱼类物种与分布. 北京: 科学出版社.

张世义. 2001. 中国动物志 硬骨鱼纲 鲟形目 海鲢目 鲱形目 鼠鱚目. 北京: 科学出版社.

中国科学院南京地理与湖泊研究所. 2019. 中国湖泊调查报告. 北京: 科学出版社.

中国水产科学研究院东海水产研究所, 上海市水产研究所. 1990. 上海鱼类志. 上海: 上海科学技术出版社.

中华人民共和国水利部, 中华人民共和国国家统计局. 2013. 第一次全国水利普查公报. 北京: 中国水利水电出版社.

朱滨, 郑海涛, 乔晔, 等. 2009. 长江流域淡水鱼类人工繁殖放流及其生态作用. 中国渔业经济, 27(2): 74-87.

朱松泉. 1989. 中国条鳅志. 南京: 江苏科学技术出版社.

朱元鼎, 张春霖, 成庆泰. 1963. 东海鱼类志. 北京: 科学出版社.

庄平, 张涛, 李圣法, 等. 2006. 长江口鱼类. 上海: 上海科学技术出版社.

Abell R, Thieme M L, Revenga C, et al. 2008. Freshwater ecoregions of the world: a new map of biogeographic units for freshwater biodiversity conservation. BioScience, 58(5): 403-414.

Cody M L. 1975. Towards a theory of continental species di.versities: bird distributions over Mediterranean habitat gra-dients. In: Ecology and Evohution of Communities (eds.Cody ML, Diamond JM), pp.214-257.

de Cáceres M, Legendre P. 2009. Association between species and groups of sites: indices and statistical inference. Ecology, 90(12): 3566-3574.

de Cáceres M, Legendre P, Moretti M. 2010. Improving indicator species analysis by combining groups of sites. Oikos, 119: 1674-1684.

Dufrêne M, Legendre P. 1997. Species assemblages and indicator species: the need for a more flexible asymmetrical approach. Ecological Monographs, 67: 345-366.

Galat D L, Zweimüller I. 2001. Conserving large-river fishes: is the highway analogy an appropriate Paradigm? Journal of the North American Benthological Society, 20：266-279.

Geen H C. 1975. Ecological consequences of the proposed Moran Dam on the Fraser River. Journal of the Fisheries Research Board of Canada, 32: 126-135.

IUCN. 2018. IUCN Red List of threatened species. www.iucnredlist.org. [2024.07.01].

Nelson, Joseph S. 2016. Fishes of the world. London: Wiley.

Seehausen O. 2002. Patterns in fish radiation are compatible with Pleistocene desiccation of Lake Victoria and 14600 year history for its cichlid species flock. Proceedings of the Royal Society of London, 269: 491-497.

Whittaker R H. 1960. Vegetation of the Siskiyou Mountains, Oregon and California[J].Ecological Monographs.30(3).279-338.

Wilson M V, Shmida A, 1984, Measuring beta diversity with presence-absence data. J. Ecol., 72: 1055-1064.

Witte F, van Oijen M J P, Sibbing F A. 2009. Fish fauna of the Nile// Dumont H J. The Nile: Origin, Environments, Limnology and Human Use. Dordrecht: Springer Netherlands: 647-675.

Wolfgang J J, Soares M G M, Bayley P B. 2007. Freshwater fishes of the Amazon River basin: their biodiversity, fisheries and habitats. Aquatic Ecosystem Health & Management, 10(2): 153-173.

Wootton R J. 1990. Ecology of Teleost Fishes. New York: Chapman & Hall.

附录 1　长江鱼类名录

编号	目	科	属	中文种名	拉丁名
1	01 鲟形目	1 匙吻鲟科	白鲟属	白鲟	*Psephurus gladius*（Martens）
2	01 鲟形目	2 鲟科	鲟属	长江鲟☆	*Acipenser dabryanus* Duméril
3	01 鲟形目	2 鲟科	鲟属	中华鲟▲	*Acipenser sinensis* Gray
4	01 鲟形目	2 鲟科	鲟属	史氏鲟△	*Acipenser schrenckii* Brandt
5	01 鲟形目			杂交鲟△	
6	02 鳗鲡目	1 鳗鲡科	鳗鲡属	鳗鲡▲	*Anguilla japonica* Temminck et Schlegel
7	03 鲱形目	1 鳀科	鲚属	刀鲚▲	*Coilia nasus* Temminck et Schlegel
8	03 鲱形目	1 鳀科	鲚属	凤鲚▲	*Coilia mystus*（Linnaeus）
9	03 鲱形目	1 鳀科	鲚属	短颌鲚	*Coilia brachygnathus* Kreyenberg et Pappenheim
10	03 鲱形目	2 鲱科	鲥属	鲥▲	*Tenualosa reevesii*（Richardson）
11	03 鲱形目	2 鲱科	鰶属	斑鰶★	*Konosirus punctatus*（Temminck et Schlegel）
12	04 鲤形目	1 鲤科	鱲属	宽鳍鱲	*Zacco platypus*（Temminck et Schlegel）
13	04 鲤形目	1 鲤科	鱲属	大鳞鱲	*Zacco macrolepis*（Bleeker）
14	04 鲤形目	1 鲤科	鱲属	成都鱲☆	*Zacco chengtui* Kimura
15	04 鲤形目	1 鲤科	马口鱼属	马口鱼	*Opsariichthys bidens* Günther
16	04 鲤形目	1 鲤科	细鲫属	中华细鲫	*Aphyocypris chinensis* Günther
17	04 鲤形目	1 鲤科	鮈鲫属	稀有鮈鲫☆	*Gobiocypris rarus* Ye et Fu
18	04 鲤形目	1 鲤科	青鱼属	青鱼	*Mylopharyngodon piceus*（Richardson）
19	04 鲤形目	1 鲤科	鳡属	鳡	*Luciobrama macrocephalus*（Lácepède）
20	04 鲤形目	1 鲤科	草鱼属	草鱼	*Ctenopharyngodon idellus*（Cuvier et Valenciennes）
21	04 鲤形目	1 鲤科	黑线餐属	大鳞黑线餐☆	*Atrilinea macrolepis* Song et Fang
22	04 鲤形目	1 鲤科	黑线餐属	黑线餐	*Atrilinea roulei*（Wu）
23	04 鲤形目	1 鲤科	鱲属	尖头鱲	*Phoxinus oxycephalus*（Sauvage et Dabry de Thiersant）
24	04 鲤形目	1 鲤科	鱲属	拉氏鱲	*Phoxinus lagowskii* Dybowski
25	04 鲤形目	1 鲤科	丁鱥属	丁鱥△	*Tinca tinca*（Linnaeus）
26	04 鲤形目	1 鲤科	赤眼鳟属	赤眼鳟	*Squaliobarbus curriculus*（Richardson）
27	04 鲤形目	1 鲤科	鳡属	鳤	*Ochetobius elongatus*（Kner）
28	04 鲤形目	1 鲤科	鳤属	鳤	*Elopichthys bambusa*（Richardson）
29	04 鲤形目	1 鲤科	飘鱼属	飘鱼	*Pseudolaubuca sinensis* Bleeker
30	04 鲤形目	1 鲤科	飘鱼属	寡鳞飘鱼	*Pseudolaubuca engraulis*（Nichols）
31	04 鲤形目	1 鲤科	华鳊属	大眼华鳊	*Sinibrama macrops*（Günther）
32	04 鲤形目	1 鲤科	华鳊属	四川华鳊☆	*Sinibrama taeniatus*（Nichols）
33	04 鲤形目	1 鲤科	华鳊属	伍氏华鳊	*Sinibrama wui*（Rendahl）

编号	目	科	属	中文种名	拉丁名
34	04 鲤形目	1 鲤科	华鳊属	长臀华鳊☆	*Sinibrama longianalis* Xie, Xie *et* Zhang
35	04 鲤形目	1 鲤科	近红鲌属	高体近红鲌☆	*Ancherythroculter kurematsui*（Kimura）
36	04 鲤形目	1 鲤科	近红鲌属	汪氏近红鲌☆	*Ancherythroculter wangi*（Tchang）
37	04 鲤形目	1 鲤科	近红鲌属	黑尾近红鲌☆	*Ancherythroculter nigrocauda* Yih *et* Woo
38	04 鲤形目	1 鲤科	白鱼属	雅砻白鱼☆	*Anabarilius liui yalongensis* Li *et* Chen
39	04 鲤形目	1 鲤科	白鱼属	西昌白鱼☆	*Anabarilius liui*（Chang）
40	04 鲤形目	1 鲤科	白鱼属	程海白鱼☆	*Anabarilius liui chenghaiensis* He
41	04 鲤形目	1 鲤科	白鱼属	邛海白鱼☆	*Anabarilius qionghaiensis* Chen
42	04 鲤形目	1 鲤科	白鱼属	嵩明白鱼☆	*Anabarilius songmingensis* Chen *et* Chu
43	04 鲤形目	1 鲤科	白鱼属	寻甸白鱼☆	*Anabarilius xundianensis* He
44	04 鲤形目	1 鲤科	白鱼属	多鳞白鱼☆	*Anabarilius polylepis*（Regan）
45	04 鲤形目	1 鲤科	白鱼属	银白鱼☆	*Anabarilius alburnops*（Regan）
46	04 鲤形目	1 鲤科	白鱼属	短臀白鱼☆	*Anabarilius brevianalis* Zhou *et* Cui
47	04 鲤形目	1 鲤科	半鳘属	半鳘☆	*Hemiculterella sauvagei* Warpachowski
48	04 鲤形目	1 鲤科	似鳊属	似鳊	*Toxabramis swinhonis* Günther
49	04 鲤形目	1 鲤科	鳘属	鳘	*Hemiculter leucisculus*（Basilewsky）
50	04 鲤形目	1 鲤科	鳘属	张氏鳘☆	*Hemiculter tchangi* Fang
51	04 鲤形目	1 鲤科	鳘属	贝氏鳘	*Hemiculter bleekeri* Warpachowski
52	04 鲤形目	1 鲤科	拟鳘属	南方拟鳘	*Pseudohemiculter dispar*（Peter）
53	04 鲤形目	1 鲤科	拟鳘属	海南拟鳘	*Pseudohemiculter hainanensis*（Boulenger）
54	04 鲤形目	1 鲤科	拟鳘属	贵州拟鳘☆	*Pseudohemiculter kweichowensis*（Tang）
55	04 鲤形目	1 鲤科	原鲌属	红鳍原鲌	*Cultrichthys erythropterus*（Basilewsky）
56	04 鲤形目	1 鲤科	鲌属	翘嘴鲌	*Culter alburnus* Basilewsky
57	04 鲤形目	1 鲤科	鲌属	蒙古鲌	*Culter mongolicus mongolicus*（Basilewsky）
58	04 鲤形目	1 鲤科	鲌属	邛海鲌☆	*Culter mongolicus qionghaiensis* Ding
59	04 鲤形目	1 鲤科	鲌属	程海鲌☆	*Culter mongolicus elongatus*（He *et* Liu）
60	04 鲤形目	1 鲤科	鲌属	尖头鲌	*Culter oxycephalus* Bleeker
61	04 鲤形目	1 鲤科	鲌属	达氏鲌	*Culter dabryi* Bleeker
62	04 鲤形目	1 鲤科	鲌属	拟尖头鲌☆	*Culter oxycephaloides* Kreyenberg *et* Pappenheim
63	04 鲤形目	1 鲤科	鳊属	鳊	*Parabramis pekinensis*（Basilewsky）
64	04 鲤形目	1 鲤科	鲂属	厚颌鲂☆	*Megalobrama pellegrini*（Tchang）
65	04 鲤形目	1 鲤科	鲂属	长体鲂☆	*Megalobrama elongata* Huang *et* Zhang
66	04 鲤形目	1 鲤科	鲂属	中国鲂	*Megalobrama mantschuricus*（Basilewsky）
67	04 鲤形目	1 鲤科	鲂属	团头鲂☆	*Megalobrama amblycephala* Yih
68	04 鲤形目	1 鲤科	鲴属	银鲴	*Xenocypris argentea* Günther
69	04 鲤形目	1 鲤科	鲴属	黄尾鲴	*Xenocypris davidi* Bleeker
70	04 鲤形目	1 鲤科	鲴属	云南鲴☆	*Xenocypris yunnanensis* Nichols

编号	目	科	属	中文种名	拉丁名
71	04 鲤形目	1 鲤科	鲴属	方氏鲴☆	*Xenocypris fangi* Tchang
72	04 鲤形目	1 鲤科	鲴属	细鳞鲴	*Xenocypris microlepis* Bleeker
73	04 鲤形目	1 鲤科	鲴属	湖北鲴☆	*Xenocypris hupeinensis*（Yih）
74	04 鲤形目	1 鲤科	圆吻鲴属	圆吻鲴	*Distoechodon tumirostris* Peter
75	04 鲤形目	1 鲤科	圆吻鲴属	大眼圆吻鲴☆	*Distoechodon macrophthalmus* Zhao, Kullander, Kullander *et* Zhang
76	04 鲤形目	1 鲤科	似鳊属	似鳊	*Pseudobrama simoni*（Bleeker）
77	04 鲤形目	1 鲤科	鳙属	鳙	*Aristichthys nobilis*（Richardson）
78	04 鲤形目	1 鲤科	鲢属	鲢	*Hypophthalmichthys molitrix* Cuvier *et* Valenciennes
79	04 鲤形目	1 鲤科	鲭属	唇鲭	*Hemibarbus labeo*（Pallas）
80	04 鲤形目	1 鲤科	鲭属	花鲭	*Hemibarbus maculatus* Bleeker
81	04 鲤形目	1 鲤科	鲭属	间鲭	*Hemibarbus medius* Yue
82	04 鲤形目	1 鲤科	似鲭属	似鲭	*Belligobio nummifer*（Boulenger）
83	04 鲤形目	1 鲤科	似鲭属	彭县似鲭☆	*Belligobio pengxianensis* Lo, Yao *et* Chen
84	04 鲤形目	1 鲤科	麦穗鱼属	麦穗鱼	*Pseudorasbora parva*（Temminck *et* Schlegel）
85	04 鲤形目	1 鲤科	麦穗鱼属	长麦穗鱼	*Pseudorasbora elongata* Wu
86	04 鲤形目	1 鲤科	鳈属	华鳈	*Sarcocheilichthys sinensis* Bleeker
87	04 鲤形目	1 鲤科	鳈属	黑鳍鳈	*Sarcocheilichthys nigripinnis*（Günther）
88	04 鲤形目	1 鲤科	鳈属	川西鳈☆	*Sarcocheilichthys davidi*（Sauvage）
89	04 鲤形目	1 鲤科	鳈属	小鳈	*Sarcocheilichthys parvus* Nichols
90	04 鲤形目	1 鲤科	鳈属	江西鳈	*Sarcocheilichthys kiangsiensis* Nichols
91	04 鲤形目	1 鲤科	颌须鮈属	嘉陵颌须鮈☆	*Gnathopogon herzensteini*（Günther）
92	04 鲤形目	1 鲤科	颌须鮈属	短须颌须鮈☆	*Gnathopogon imberbis*（Sauvage *et* Dabry de Thiersant）
93	04 鲤形目	1 鲤科	颌须鮈属	隐须颌须鮈☆	*Gnathopogon nicholsi*（Fang）
94	04 鲤形目	1 鲤科	银鮈属	银鮈	*Squalidus argentatus*（Sauvage *et* Dabry de Thiersant）
95	04 鲤形目	1 鲤科	银鮈属	亮银鮈☆	*Squalidus nitens*（Günther）
96	04 鲤形目	1 鲤科	银鮈属	点纹银鮈☆	*Squalidus wolterstorffi*（Regan）
97	04 鲤形目	1 鲤科	铜鱼属	铜鱼	*Coreius heterodon*（Bleeker）
98	04 鲤形目	1 鲤科	铜鱼属	圆口铜鱼☆	*Coreius guichenoti*（Sauvage *et* Dabry de Thiersant）
99	04 鲤形目	1 鲤科	吻鮈属	吻鮈	*Rhinogobio typus* Bleeker
100	04 鲤形目	1 鲤科	吻鮈属	圆筒吻鮈☆	*Rhinogobio cylindricus* Günther
101	04 鲤形目	1 鲤科	吻鮈属	长鳍吻鮈☆	*Rhinogobio ventralis*（Sauvage *et* Dabry de Thiersant）
102	04 鲤形目	1 鲤科	吻鮈属	湖南吻鮈☆	*Rhinogobio hunanensis* Tang
103	04 鲤形目	1 鲤科	片唇鮈属	裸腹片唇鮈☆	*Platysmacheilus nudiventris* Lo, Yao *et* Chen
104	04 鲤形目	1 鲤科	片唇鮈属	长须片唇鮈☆	*Platysmacheilus longibarbatus* Lo, Yao *et* Chen
105	04 鲤形目	1 鲤科	片唇鮈属	片唇鮈	*Platysmacheilus exiguus*（Lin）
106	04 鲤形目	1 鲤科	片唇鮈属	镇江片唇鮈☆	*Platysmacheilus zhenjiangensis* Ni, Chen *et* Zhou

续表

编号	目	科	属	中文种名	拉丁名
107	04 鲤形目	1 鲤科	棒花鱼属	棒花鱼	*Abbottina rivularis*（Basilewsky）
108	04 鲤形目	1 鲤科	棒花鱼属	钝吻棒花鱼☆	*Abbottina obtusirostris* Wu et Wang
109	04 鲤形目	1 鲤科	小鳔鮈属	乐山小鳔鮈	*Microphysogobio kiatingensis*（Wu）
110	04 鲤形目	1 鲤科	小鳔鮈属	福建小鳔鮈	*Microphysogobio fukiensis*（Nichols）
111	04 鲤形目	1 鲤科	小鳔鮈属	小口小鳔鮈☆	*Microphysogobio microstomus* Yue
112	04 鲤形目	1 鲤科	小鳔鮈属	洞庭小鳔鮈☆	*Microphysogobio tungtingensis*（Nichols）
113	04 鲤形目	1 鲤科	似鮈属	似鮈	*Pseudogobio vaillanti*（Sauvage）
114	04 鲤形目	1 鲤科	似刺鳊鮈属	似刺鳊鮈☆	*Paracanthobrama guichenoti* Bleeker
115	04 鲤形目	1 鲤科	蛇鮈属	长蛇鮈	*Saurogobio dumerili* Bleeker
116	04 鲤形目	1 鲤科	蛇鮈属	蛇鮈	*Saurogobio dabryi* Bleeker
117	04 鲤形目	1 鲤科	蛇鮈属	光唇蛇鮈☆	*Saurogobio gymnocheilus* Lo, Yao et Chen
118	04 鲤形目	1 鲤科	蛇鮈属	斑点蛇鮈☆	*Saurogobio punctatus* Tang
119	04 鲤形目	1 鲤科	蛇鮈属	细尾蛇鮈☆	*Saurogobio gracilicaudatus* Yao et Yang
120	04 鲤形目	1 鲤科	蛇鮈属	湘江蛇鮈	*Saurogobio xiangjiangensis* Tang
121	04 鲤形目	1 鲤科	鳅鮀属	短身鳅鮀☆	*Gobiobotia abbreviata* Fang et Wang
122	04 鲤形目	1 鲤科	鳅鮀属	宜昌鳅鮀☆	*Gobiobotia filifer*（Garman）
123	04 鲤形目	1 鲤科	鳅鮀属	南方鳅鮀	*Gobiobotia meridionalis* Chen et Tsao
124	04 鲤形目	1 鲤科	鳅鮀属	短吻鳅鮀☆	*Gobiobotia brevirostris* Chen et Tsao
125	04 鲤形目	1 鲤科	鳅鮀属	董氏鳅鮀	*Gobiobotia tungi* Fang
126	04 鲤形目	1 鲤科	异鳔鳅鮀属	异鳔鳅鮀☆	*Xenophysogobio boulengeri*（Tchang）
127	04 鲤形目	1 鲤科	异鳔鳅鮀属	裸体异鳔鳅鮀☆	*Xenophysogobio nudicorpa*（Huang et Zhang）
128	04 鲤形目	1 鲤科	鳑鲏属	中华鳑鲏	*Rhodeus sinensis* Günther
129	04 鲤形目	1 鲤科	鳑鲏属	高体鳑鲏	*Rhodeus ocellatus*（Kner）
130	04 鲤形目	1 鲤科	鳑鲏属	彩石鳑鲏	*Rhodeus lighti*（Wu）
131	04 鲤形目	1 鲤科	鳑鲏属	方氏鳑鲏	*Rhodeus fangi*（Miao）
132	04 鲤形目	1 鲤科	鳑鲏属	白边鳑鲏☆	*Rhodeus albomarginatus* Li et Arai
133	04 鲤形目	1 鲤科	鱊属	大鳍鱊	*Acheilognathus macropterus*（Bleeker）
134	04 鲤形目	1 鲤科	鱊属	长身鱊☆	*Acheilognathus elongatus*（Regan）
135	04 鲤形目	1 鲤科	鱊属	峨嵋鱊☆	*Acheilognathus omeiensis*（Shih et Tchang）
136	04 鲤形目	1 鲤科	鱊属	越南鱊	*Acheilognathus tonkinensis*（Vaillant）
137	04 鲤形目	1 鲤科	鱊属	须鱊	*Acheilognathus barbatus* Nichols
138	04 鲤形目	1 鲤科	鱊属	短须鱊	*Acheilognathus barbatulus*（Günther）
139	04 鲤形目	1 鲤科	鱊属	寡鳞鱊☆	*Acheilognathus hypselonotus*（Bleeker）
140	04 鲤形目	1 鲤科	鱊属	无须鱊☆	*Acheilognathus gracilis* Nichols
141	04 鲤形目	1 鲤科	鱊属	兴凯鱊	*Acheilognathus chankaensis*（Dybowski）
142	04 鲤形目	1 鲤科	鱊属	斑条鱊	*Acheilognathus taenianalis*（Günther）
143	04 鲤形目	1 鲤科	鱊属	巨口鱊☆	*Acheilognathus tabira* Jordan et Thompson

编号	目	科	属	中文种名	拉丁名
144	04 鲤形目	1 鲤科	鱊属	多鳞鱊	*Acheilognathus polylepis*（Wu）
145	04 鲤形目	1 鲤科	鱊属	条纹鱊☆	*Acheilognathus striatus* Yang, Xiong, Tang *et* Liu
146	04 鲤形目	1 鲤科	鱊属	广西鱊△	*Acheilognathus meridianus*（Wu）
147	04 鲤形目	1 鲤科	副鱊属	彩副鱊	*Paracheilognathus imberbis*（Günther）
148	04 鲤形目	1 鲤科	副鱊属	革条副鱊	*Paracheilognathus himantegus*（Günther）
149	04 鲤形目	1 鲤科	四须鲃属	多鳞四须鲃☆	*Barbodes polylepis* Chen *et* Li
150	04 鲤形目	1 鲤科	林鲃属	宽头林氏鲃	*Linichthys laticeps*（Lin *et* Zhang）
151	04 鲤形目	1 鲤科	亮鲃属	大鳞鲃△	*Luciobarbus capito*（Güldenstädt）
152	04 鲤形目	1 鲤科	倒刺鲃属	光倒刺鲃	*Spinibarbus hollandi* Oshima
153	04 鲤形目	1 鲤科	倒刺鲃属	中华倒刺鲃☆	*Spinibarbus sinensis*（Bleeker）
154	04 鲤形目	1 鲤科	鲈鲤属	金沙鲈鲤☆	*Percocypris pingi*（Tchang）
155	04 鲤形目	1 鲤科	鲈鲤属	花鲈鲤△	*Percocypris pingi regani*（Tchang）
156	04 鲤形目	1 鲤科	金线鲃属	多斑金线鲃	*Sinocyclocheilus multipunctatus*（Pellgrin）
157	04 鲤形目	1 鲤科	金线鲃属	滇池金线鲃☆	*Sinocyclocheilus grahami grahami*（Regan）
158	04 鲤形目	1 鲤科	金线鲃属	乌蒙山金线鲃	*Sinocyclocheilus wumengshanensis* Li, Mao *et* Lu
159	04 鲤形目	1 鲤科	光唇鱼属	宽口光唇鱼☆	*Acrossocheilus monticola*（Günther）
160	04 鲤形目	1 鲤科	光唇鱼属	云南光唇鱼	*Acrossocheilus yunnanensis*（Regan）
161	04 鲤形目	1 鲤科	光唇鱼属	台湾光唇鱼	*Acrossocheilus paradoxus*（Günther）
162	04 鲤形目	1 鲤科	光唇鱼属	光唇鱼	*Acrossocheilus fasciatus*（Steindachner）
163	04 鲤形目	1 鲤科	光唇鱼属	吉首光唇鱼☆	*Acrossocheilus jishouensis* Zhao, Chen *et* Li
164	04 鲤形目	1 鲤科	光唇鱼属	薄颌光唇鱼	*Acrossocheilus kreyenbergii*（Regan）
165	04 鲤形目	1 鲤科	白甲鱼属	多鳞白甲鱼	*Onychostoma macrolepis*（Bleeker）
166	04 鲤形目	1 鲤科	白甲鱼属	白甲鱼	*Onychostoma sima*（Sauvage *et* Dabry de Thiersant）
167	04 鲤形目	1 鲤科	白甲鱼属	四川白甲鱼☆	*Onychostoma angustistomata*（Fang）
168	04 鲤形目	1 鲤科	白甲鱼属	大渡白甲鱼☆	*Onychostoma daduensis* Ding
169	04 鲤形目	1 鲤科	白甲鱼属	短身白甲鱼☆	*Onychostoma brevis*（Wu *et* Chen）
170	04 鲤形目	1 鲤科	白甲鱼属	粗须白甲鱼	*Onychostoma barbata*（Lin）
171	04 鲤形目	1 鲤科	白甲鱼属	稀有白甲鱼	*Onychostoma rara*（Lin）
172	04 鲤形目	1 鲤科	白甲鱼属	珠江卵形白甲鱼	*Onychostoma ovalis rhomboides*（Tang）
173	04 鲤形目	1 鲤科	白甲鱼属	小口白甲鱼	*Onychostoma lini*（Wu）
174	04 鲤形目	1 鲤科	白甲鱼属	台湾白甲鱼	*Onychostoma barbatula*（Pellegrin）
175	04 鲤形目	1 鲤科	白甲鱼属	侧纹白甲鱼☆	*Onychostoma virgulatum* Xin, Zhang *et* Cao
176	04 鲤形目	1 鲤科	瓣结鱼属	瓣结鱼	*Folifer brevifilis*（Peters）
177	04 鲤形目	1 鲤科	华鲮属	赫氏华鲮☆	*Sinilabeo hummeli* Zhang, Kullander *et* Chen
178	04 鲤形目	1 鲤科	孟加拉鲮属	伦氏孟加拉鲮☆	*Bangana rendahli*（Kimura）
179	04 鲤形目	1 鲤科	孟加拉鲮属	洞庭孟加拉鲮☆	*Bangana tungting*（Nichols）
180	04 鲤形目	1 鲤科	直口鲮属	泸溪直口鲮☆	*Rectoris luxiensis* Wu *et* Yao

编号	目	科	属	中文种名	拉丁名
181	04 鲤形目	1 鲤科	直口鲮属	变形直口鲮	*Rectoris mutabilis*（Lin）
182	04 鲤形目	1 鲤科	原鲮属	原鲮☆	*Protolabeo protolabeo* Zhang, Zhao *et* Liu
183	04 鲤形目	1 鲤科	鲮属	鲮△	*Cirrhinus molitorella*（Valenciennes）
184	04 鲤形目	1 鲤科	鲮属	麦瑞加拉鲮△	*Cirrhinus mrigala*（Hamilton）
185	04 鲤形目	1 鲤科	野鲮属	露斯塔野鲮△	*Labeo rohita*（Hamilton）
186	04 鲤形目	1 鲤科	异黔鲮属	条纹异黔鲮	*Paraqianlabeo lineatus* Zhao, Sullivan, Zhang & Peng
187	04 鲤形目	1 鲤科	泉水鱼属	泉水鱼☆	*Pseudogyrinocheilus procheilus*（Sauvage *et* Dabry de Thiersant）
188	04 鲤形目	1 鲤科	华缨鱼属	华缨鱼☆	*Sinocrossocheilus guizhouensis* Wu
189	04 鲤形目	1 鲤科	华缨鱼属	宽唇华缨鱼☆	*Sinocrossocheilus labiata* Su, Yang *et* Cui
190	04 鲤形目	1 鲤科	墨头鱼属	墨头鱼	*Garra imberba* Garman
191	04 鲤形目	1 鲤科	盘鉤属	云南盘鉤	*Discogobio yunnanensis*（Regan）
192	04 鲤形目	1 鲤科	盘鉤属	短鳔盘鉤	*Discogobio brachyphysallidos* Huang
193	04 鲤形目	1 鲤科	裂腹鱼属	短须裂腹鱼☆	*Schizothorax wangchiachii*（Fang）
194	04 鲤形目	1 鲤科	裂腹鱼属	长丝裂腹鱼☆	*Schizothorax dolichonema* Herzenstein
195	04 鲤形目	1 鲤科	裂腹鱼属	中华裂腹鱼☆	*Schizothorax sinensis* Herzenstein
196	04 鲤形目	1 鲤科	裂腹鱼属	齐口裂腹鱼☆	*Schizothorax prenanti*（Tchang）
197	04 鲤形目	1 鲤科	裂腹鱼属	细鳞裂腹鱼☆	*Schizothorax chongi*（Fang）
198	04 鲤形目	1 鲤科	裂腹鱼属	昆明裂腹鱼☆	*Schizothorax grahami*（Regan）
199	04 鲤形目	1 鲤科	裂腹鱼属	隐鳞裂腹鱼☆	*Schizothorax cryptolepis* Fu *et* Ye
200	04 鲤形目	1 鲤科	裂腹鱼属	异唇裂腹鱼☆	*Schizothorax heterochilus* Ye *et* Fu
201	04 鲤形目	1 鲤科	裂腹鱼属	重口裂腹鱼☆	*Schizothorax davidi*（Sauvage）
202	04 鲤形目	1 鲤科	裂腹鱼属	四川裂腹鱼☆	*Schizothorax kozlovi* Nikolsky
203	04 鲤形目	1 鲤科	裂腹鱼属	长须裂腹鱼☆	*Schizothorax longibarbus*（Fang）
204	04 鲤形目	1 鲤科	裂腹鱼属	小裂腹鱼☆	*Schizothorax parvus* Tsao
205	04 鲤形目	1 鲤科	裂腹鱼属	厚唇裂腹鱼☆	*Schizothorax labrosus* Wang, Zhang *et* Gao
206	04 鲤形目	1 鲤科	裂腹鱼属	宁蒗裂腹鱼☆	*Schizothorax ninglangensis* Wang, Zhang *et* Zhuang
207	04 鲤形目	1 鲤科	裂腹鱼属	小口裂腹鱼☆	*Schizothorax microstomus* Huang
208	04 鲤形目	1 鲤科	裂腹鱼属	灰裂腹鱼	*Schizothorax griseus* Pellegrin
209	04 鲤形目	1 鲤科	叶须鱼属	裸腹叶须鱼	*Ptychobarbus kaznakovi* Nikolsky
210	04 鲤形目	1 鲤科	叶须鱼属	中甸叶须鱼☆	*Ptychobarbus chungtienensis*（Tsao）
211	04 鲤形目	1 鲤科	叶须鱼属	中甸叶须鱼格咱亚种☆	*Ptychobarbus chungtienensis gezaensis*（Huang *et* Chen）
212	04 鲤形目	1 鲤科	裸重唇鱼属	厚唇裸重唇鱼	*Gymnodiptychus pachycheilus* Herzenstein
213	04 鲤形目	1 鲤科	裸鲤属	松潘裸鲤☆	*Gymnocypris potanini* Herzenstein
214	04 鲤形目	1 鲤科	裸鲤属	硬刺松潘裸鲤☆	*Gymnocypris potanini firmispinatus* Wu *et* Wu
215	04 鲤形目	1 鲤科	裸裂尻鱼属	软刺裸裂尻鱼☆	*Schizopygopsis malacanthus* Herzenstein

编号	目	科	属	中文种名	拉丁名
216	04 鲤形目	1 鲤科	裸裂尻鱼属	宝兴裸裂尻鱼☆	*Schizopygopsis malacanthus baoxingensis* Fu, Ding *et* Ye
217	04 鲤形目	1 鲤科	裸裂尻鱼属	大渡软刺裸裂尻鱼☆	*Schizopygopsis malacanthus chengi*（Fang）
218	04 鲤形目	1 鲤科	裸裂尻鱼属	嘉陵裸裂尻鱼☆	*Schizopygopsis kialingensis* Tsao *et* Tun
219	04 鲤形目	1 鲤科	高原鱼属	小头高原鱼☆	*Herzensteinia microcephalus*（Herzenstein）
220	04 鲤形目	1 鲤科	原鲤属	岩原鲤☆	*Procypris rabaudi*（Tchang）
221	04 鲤形目	1 鲤科	鲤属	小鲤☆	*Cyprinus*（*Mesocyprinus*）*micristius micristius* Regan
222	04 鲤形目	1 鲤科	鲤属	鲤	*Cyprinus carpio* Linnaeus
223	04 鲤形目	1 鲤科	鲤属	散鳞镜鲤△	*Cyprinus carpio specularis* Lacepède
224	04 鲤形目	1 鲤科	鲤属	三角鲤△	*Cyprinus multitaeniata* Pellegrin *et* Chevey
225	04 鲤形目	1 鲤科	鲤属	锦鲤△	*Cyprinus carpio* var. *haematopterus* Martens
226	04 鲤形目	1 鲤科	鲤属	杞麓鲤	*Cyprinus chilia* Wu, Yang *et* Huang
227	04 鲤形目	1 鲤科	鲤属	邛海鲤☆	*Cyprinus qionghaiensis* Liu
228	04 鲤形目	1 鲤科	鲫属	鲫	*Carassius auratus*（Linnaeus）
229	04 鲤形目	1 鲤科	须鲫属	须鲫△	*Carassioides acuminatus*（Richardson）
230	04 鲤形目	2 亚口鱼科	胭脂鱼属	胭脂鱼	*Myxocyprinus asiaticus*（Bleeker）
231	04 鲤形目	3 鳅科	云南鳅属	侧纹云南鳅	*Yunnanilus plenrotaenia*（Regan）
232	04 鲤形目	3 鳅科	云南鳅属	黑斑云南鳅☆	*Yunnanilus nigromaculatus*（Regan）
233	04 鲤形目	3 鳅科	云南鳅属	长鳔云南鳅☆	*Yunnanilus longibulla* Yang
234	04 鲤形目	3 鳅科	云南鳅属	草海云南鳅☆	*Yunnanilus caohaiensis* Ding
235	04 鲤形目	3 鳅科	云南鳅属	干河云南鳅☆	*Yunnanilus ganheensis* An, Liu *et* Li
236	04 鲤形目	3 鳅科	云南鳅属	牛栏云南鳅☆	*Yunnanilus niulanensis* Chen, Yang *et* Yang
237	04 鲤形目	3 鳅科	云南鳅属	横斑云南鳅☆	*Yunnanilus spanisbripes* An, Liu *et* Li
238	04 鲤形目	3 鳅科	云南鳅属	四川云南鳅☆	*Yunnanilus sichuanensis* Ding
239	04 鲤形目	3 鳅科	副鳅属	红尾副鳅	*Paracobitis variegatus*（Sauvage *et* Dabry de Thiersant）
240	04 鲤形目	3 鳅科	副鳅属	短体副鳅☆	*Paracobitis potanini*（Günther）
241	04 鲤形目	3 鳅科	副鳅属	乌江副鳅☆	*Paracobitis wujiangensis* Ding *et* Deng
242	04 鲤形目	3 鳅科	南鳅属	横纹南鳅	*Schistura fasciolata*（Nichols *et* Pope）
243	04 鲤形目	3 鳅科	南鳅属	似横纹南鳅☆	*Schistura pseudofasciolata* Zhou *et* Cui
244	04 鲤形目	3 鳅科	南鳅属	牛栏江南鳅☆	*Schistura niulanjiangensis* Chen, Lu *et* Mao
245	04 鲤形目	3 鳅科	南鳅属	小眼戴氏南鳅	*Schistura dabryi microphthalmus* Liao *et* Wang
246	04 鲤形目	3 鳅科	山鳅属	戴氏山鳅☆	*Oreias dabryi* Sauvage
247	04 鲤形目	3 鳅科	条鳅属	华坪条鳅☆	*Nemacheilus huapingensis* Wu *et* Wu
248	04 鲤形目	3 鳅科	高原鳅属	粗壮高原鳅	*Triplophysa robusta*（Kessler）
249	04 鲤形目	3 鳅科	高原鳅属	东方高原鳅	*Triplophysa orientalis*（Herzenstein）
250	04 鲤形目	3 鳅科	高原鳅属	唐古拉高原鳅☆	*Triplophysa tanggulaensis*（Zhu）
251	04 鲤形目	3 鳅科	高原鳅属	异尾高原鳅	*Triplophysa stewarti*（Hora）

编号	目	科	属	中文种名	拉丁名
252	04 鲤形目	3 鳅科	高原鳅属	小眼高原鳅	*Triplophysa microps*（Steindachner）
253	04 鲤形目	3 鳅科	高原鳅属	黑体高原鳅	*Triplophysa obscura* Wang
254	04 鲤形目	3 鳅科	高原鳅属	昆明高原鳅☆	*Triplophysa grahami*（Regan）
255	04 鲤形目	3 鳅科	高原鳅属	西昌高原鳅☆	*Triplophysa xichangensis* Zhu *et* Cao
256	04 鲤形目	3 鳅科	高原鳅属	秀丽高原鳅☆	*Triplophysa venusta* Zhu *et* Cao
257	04 鲤形目	3 鳅科	高原鳅属	大桥高原鳅☆	*Triplophysa daqiaoensis* Ding
258	04 鲤形目	3 鳅科	高原鳅属	短须高原鳅☆	*Triplophysa brevibarba* Ding
259	04 鲤形目	3 鳅科	高原鳅属	拟硬刺高原鳅	*Triplophysa pseudoscleroptera*（Zhu *et* Wu）
260	04 鲤形目	3 鳅科	高原鳅属	麻尔柯河高原鳅☆	*Triplophysa markehenensis*（Zhu *et* Wu）
261	04 鲤形目	3 鳅科	高原鳅属	安氏高原鳅☆	*Triplophysa angeli*（Fang）
262	04 鲤形目	3 鳅科	高原鳅属	前鳍高原鳅☆	*Triplophysa anterodorsalis* Zhu *et* Cao
263	04 鲤形目	3 鳅科	高原鳅属	短尾高原鳅	*Triplophysa brevicauda*（Herzenstein）
264	04 鲤形目	3 鳅科	高原鳅属	贝氏高原鳅☆	*Triplophysa bleekeri*（Sauvage *et* Dabry de Thiersant）
265	04 鲤形目	3 鳅科	高原鳅属	修长高原鳅	*Triplophysa leptosoma*（Herzenstein）
266	04 鲤形目	3 鳅科	高原鳅属	斯氏高原鳅	*Triplophysa stoliczkae*（Steindachner）
267	04 鲤形目	3 鳅科	高原鳅属	粗唇高原鳅☆	*Triplophysa crassilabris* Ding
268	04 鲤形目	3 鳅科	高原鳅属	细尾高原鳅	*Triplophysa stenura*（Herzenstein）
269	04 鲤形目	3 鳅科	高原鳅属	姚氏高原鳅☆	*Triplophysa yaopeizhii* Xu, Zhang *et* Cai
270	04 鲤形目	3 鳅科	高原鳅属	宁蒗高原鳅☆	*Triplophysa ninglangensis* Wu *et* Wu
271	04 鲤形目	3 鳅科	高原鳅属	圆腹高原鳅	*Triplophysa rotundiventris*（Wu *et* Chen）
272	04 鲤形目	3 鳅科	高原鳅属	多带高原鳅☆	*Triplophysa polyfasciata* Ding
273	04 鲤形目	3 鳅科	高原鳅属	拟细尾高原鳅☆	*Triplophysa pseudostenura* He, Zhang *et* Song
274	04 鲤形目	3 鳅科	高原鳅属	理县高原鳅☆	*Triplophysa lixianensis* He, Song *et* Zhang
275	04 鲤形目	3 鳅科	球鳔鳅属	滇池球鳔鳅☆	*Sphaerophysa dianchiensis* Cao *et* Zhu
276	04 鲤形目	3 鳅科	沙鳅属	中华沙鳅	*Botia superciliaris* Günther
277	04 鲤形目	3 鳅科	沙鳅属	宽体沙鳅☆	*Botia reevesae* Chang
278	04 鲤形目	3 鳅科	副沙鳅属	花斑副沙鳅	*Parabotia fasciata* Dabry de Thiersant
279	04 鲤形目	3 鳅科	副沙鳅属	双斑副沙鳅☆	*Parabotia bimaculata* Chen
280	04 鲤形目	3 鳅科	副沙鳅属	点面副沙鳅	*Parabotia maculosa*（Wu）
281	04 鲤形目	3 鳅科	副沙鳅属	武昌副沙鳅	*Parabotia banarescui*（Nalbant）
282	04 鲤形目	3 鳅科	薄鳅属	长薄鳅☆	*Leptobotia elongata*（Bleeker）
283	04 鲤形目	3 鳅科	薄鳅属	紫薄鳅☆	*Leptobotia taeniops*（Sauvage）
284	04 鲤形目	3 鳅科	薄鳅属	薄鳅	*Leptobotia pellegrini* Fang
285	04 鲤形目	3 鳅科	薄鳅属	小眼薄鳅☆	*Leptobotia microphthalma* Fu *et* Ye
286	04 鲤形目	3 鳅科	薄鳅属	红唇薄鳅☆	*Leptobotia rubrilabris*（Dabry de Thiersant）
287	04 鲤形目	3 鳅科	薄鳅属	东方薄鳅	*Leptobotia orientalis* Xu, Fang *et* Wang

编号	目	科	属	中文种名	拉丁名
288	04 鲤形目	3 鳅科	薄鳅属	汉水扁尾薄鳅☆	*Leptobotia tientaiensis hanshuiensis* Fang *et* Xu
289	04 鲤形目	3 鳅科	薄鳅属	衡阳薄鳅☆	*Leptobotia hengyangensis* Huang *et* Zhang
290	04 鲤形目	3 鳅科	花鳅属	中华花鳅	*Cobitis sinensis* Sauvage *et* Dabry de Thiersant
291	04 鲤形目	3 鳅科	花鳅属	北方花鳅△	*Cobitis sibirica* Gladkov
292	04 鲤形目	3 鳅科	花鳅属	大斑花鳅☆	*Cobitis macrostigma* Dabry de Thiersant
293	04 鲤形目	3 鳅科	花鳅属	稀有花鳅☆	*Cobitis rara* Chen
294	04 鲤形目	3 鳅科	泥鳅属	泥鳅	*Misgurnus anguillicaudatus*（Cantor）
295	04 鲤形目	3 鳅科	泥鳅属	北方泥鳅△	*Misgurnus mohoity*（Dybowski）
296	04 鲤形目	3 鳅科	副泥鳅属	大鳞副泥鳅	*Paramisgurnus dabryanus* Sauvage
297	04 鲤形目	4 平鳍鳅科	原缨口鳅属	横斑原缨口鳅	*Vanmanenia tetraloba*（Mai）
298	04 鲤形目	4 平鳍鳅科	原缨口鳅属	平舟原缨口鳅	*Vanmanenia pingchowensis*（Fang）
299	04 鲤形目	4 平鳍鳅科	原缨口鳅属	原缨口鳅	*Vanmanenia stenosoma*（Boulenger）
300	04 鲤形目	4 平鳍鳅科	似原吸鳅属	似原吸鳅	*Paraprotomyzon multifasciatus* Pellegrin *et* Fang
301	04 鲤形目	4 平鳍鳅科	似原吸鳅属	牛栏江似原吸鳅☆	*Paraprotomyzon niulanjiangensis* Lu, Lu *et* Mao
302	04 鲤形目	4 平鳍鳅科	似原吸鳅属	龙口似原吸鳅☆	*Paraprotomyzon lungkowensis* Xie, Yang *et* Gong
303	04 鲤形目	4 平鳍鳅科	拟腹吸鳅属	珠江拟腹吸鳅	*Pseudogastromyzon fangi*（Nichols）
304	04 鲤形目	4 平鳍鳅科	爬岩鳅属	侧沟爬岩鳅☆	*Beaufortia liui* Chang
305	04 鲤形目	4 平鳍鳅科	爬岩鳅属	四川爬岩鳅☆	*Beaufortia szechuanensis*（Fang）
306	04 鲤形目	4 平鳍鳅科	爬岩鳅属	牛栏爬岩鳅☆	*Beaufortia niulanensis* Chen, Huang *et* Yang
307	04 鲤形目	4 平鳍鳅科	犁头鳅属	犁头鳅☆	*Lepturichthys fimbriata*（Günther）
308	04 鲤形目	4 平鳍鳅科	间吸鳅属	窑滩间吸鳅☆	*Hemimyzon yaotanensis*（Fang）
309	04 鲤形目	4 平鳍鳅科	金沙鳅属	短身金沙鳅☆	*Jinshaia abbreviata*（Günther）
310	04 鲤形目	4 平鳍鳅科	金沙鳅属	中华金沙鳅☆	*Jinshaia sinensis*（Sauvage *et* Dabry de Thiersant）
311	04 鲤形目	4 平鳍鳅科	华吸鳅属	西昌华吸鳅☆	*Sinogastromyzon sichangensis* Chang
312	04 鲤形目	4 平鳍鳅科	华吸鳅属	四川华吸鳅☆	*Sinogastromyzon szechuanensis* Fang
313	04 鲤形目	4 平鳍鳅科	华吸鳅属	下司华吸鳅☆	*Sinogastromyzon hsiashiensis* Fang
314	04 鲤形目	4 平鳍鳅科	后平鳅属	汉水后平鳅☆	*Metahomaloptera omeiensis hangshuiensis* Xie, Yang *et* Gong
315	04 鲤形目	4 平鳍鳅科	后平鳅属	峨嵋后平鳅☆	*Metahomaloptera omeiensis* Chang
316	05 脂鲤目	1 脂鲤科	巨脂鲤属	短盖巨脂鲤△	*Piaractus brachypomus*（Cuvier）
317	06 鲇形目	1 骨甲鲇科	下口鲇属	下口鲇△	*Hypostomus plecostomus*（Linnaeus）
318	06 鲇形目	2 鲇科	鲇属	鲇	*Silurus asotus* Linnaeus
319	06 鲇形目	2 鲇科	鲇属	昆明鲇☆	*Silurus mento* Regan
320	06 鲇形目	2 鲇科	鲇属	南方鲇	*Silurus meridionalis* Chen
321	06 鲇形目	3 鲿科	黄颡鱼属	黄颡鱼	*Pelteobagrus fulvidraco*（Richardson）
322	06 鲇形目	3 鲿科	黄颡鱼属	长须黄颡鱼	*Pelteobagrus eupogon*（Boulenger）

编号	目	科	属	中文种名	拉丁名
323	06 鲇形目	3 鲿科	黄颡鱼属	瓦氏黄颡鱼	*Pelteobagrus vachelli*（Richardson）
324	06 鲇形目	3 鲿科	黄颡鱼属	光泽黄颡鱼	*Pelteobagrus nitidus*（Sauvage *et* Dabry de Thiersant）
325	06 鲇形目	3 鲿科	鮠属	长吻鮠	*Leiocassis longirostris* Günther
326	06 鲇形目	3 鲿科	鮠属	粗唇鮠	*Leiocassis crassilabris* Günther
327	06 鲇形目	3 鲿科	鮠属	长须鮠☆	*Leiocassis longibarbus* Cui
328	06 鲇形目	3 鲿科	鮠属	叉尾鮠	*Leiocassis tenuifurcatus* Nichols
329	06 鲇形目	3 鲿科	拟鲿属	圆尾拟鲿☆	*Pseudobagrus tenuis*（Günther）
330	06 鲇形目	3 鲿科	拟鲿属	乌苏拟鲿	*Pseudobagrus ussuriensis*（Dybowski）
331	06 鲇形目	3 鲿科	拟鲿属	中臀拟鲿☆	*Pseudobagrus medianalis*（Regan）
332	06 鲇形目	3 鲿科	拟鲿属	切尾拟鲿	*Pseudobagrus truncatus*（Regan）
333	06 鲇形目	3 鲿科	拟鲿属	凹尾拟鲿☆	*Pseudobagrus emarginatus*（Regan）
334	06 鲇形目	3 鲿科	拟鲿属	细体拟鲿	*Pseudobagrus pratti*（Günther）
335	06 鲇形目	3 鲿科	拟鲿属	短尾拟鲿	*Pseudobagrus brevicaudatus*（Wu）
336	06 鲇形目	3 鲿科	拟鲿属	长脂拟鲿	*Pseudobagrus adiposalis* Oshima
337	06 鲇形目	3 鲿科	拟鲿属	盎堂拟鲿	*Pseudobagrus ondan* Shaw
338	06 鲇形目	3 鲿科	拟鲿属	白边拟鲿☆	*Pseudobagrus albomarginatus*（Rendahl）
339	06 鲇形目	3 鲿科	拟鲿属	长臀拟鲿☆	*Pseudobagrus analis*（Nichols）
340	06 鲇形目	3 鲿科	拟鲿属	富氏拟鲿☆	*Pseudobagrus fui* Miao
341	06 鲇形目	3 鲿科	鳠属	大鳍鳠	*Mystus macropterus*（Bleeker）
342	06 鲇形目	4 钝头鮠科	鰍属	白缘鰍☆	*Liobagrus marginatus*（Günther）
343	06 鲇形目	4 钝头鮠科	鰍属	金氏鰍☆	*Liobagrus kingi* Tchang
344	06 鲇形目	4 钝头鮠科	鰍属	黑尾鰍	*Liobagrus nigricauda* Regan
345	06 鲇形目	4 钝头鮠科	鰍属	拟缘鰍☆	*Liobagrus marginatoides*（Wu）
346	06 鲇形目	4 钝头鮠科	鰍属	司氏鰍☆	*Liobagrus styani* Regan
347	06 鲇形目	4 钝头鮠科	鰍属	鳗尾鰍	*Liobagrus anguillicauda* Nichols
348	06 鲇形目	5 鮡科	纹胸鮡属	福建纹胸鮡	*Glyptothorax fokiensis*（Rendahl）
349	06 鲇形目	5 鮡科	纹胸鮡属	中华纹胸鮡	*Glyptothorax sinensis*（Regan）
350	06 鲇形目	5 鮡科	石爬鮡属	黄石爬鮡☆	*Euchiloglanis kishinouyei* Kimura
351	06 鲇形目	5 鮡科	石爬鮡属	青石爬鮡☆	*Euchiloglanis davidi*（Sauvage）
352	06 鲇形目	5 鮡科	石爬鮡属	长须石爬鮡☆	*Euchiloglanis longibarbatus* Zhou, Li *et* Thomson
353	06 鲇形目	5 鮡科	鮡属	中华鮡☆	*Pareuchiloglanis sinensis*（Hora *et* Silas）
354	06 鲇形目	5 鮡科	鮡属	前臀鮡☆	*Pareuchiloglanis anteanalis* Fang, Xu *et* Cui
355	06 鲇形目	5 鮡科	鮡属	四川鮡☆	*Pareuchiloglanis sichuanensis* Ding, Fu *et* Ye
356	06 鲇形目	5 鮡科	鮡属	天全鮡☆	*Pareuchiloglanis tianquanensis* Ding *et* Fang
357	06 鲇形目	5 鮡科	鮡属	壮体鮡☆	*Pareuchiloglanis robustus* Ding, Fu *et* Ye
358	06 鲇形目	5 鮡科	鮡属	短鳍鮡	*Pareuchiloglanis feae*（Vinciguerra）
359	06 鲇形目	6 胡子鲇科	胡子鲇属	胡子鲇	*Clarias fuscus*（Lacepède）

编号	目	科	属	中文种名	拉丁名
360	06 鲇形目	6 胡子鲇科	胡子鲇属	蟾胡子鲇△	*Clarias batrachus*（Linnaeus）
361	06 鲇形目	6 胡子鲇科	胡子鲇属	革胡子鲇△	*Clarias gariepinus*（Burchell）
362	06 鲇形目	7 鮰科	真鮰属	斑点叉尾鮰△	*Ictalurus punctatus*（Rafinesque）
363	06 鲇形目	7 鮰科	鮰属	云斑鮰△	*Ameiurus nebulosus*（Lesueur）
364	07 鲑形目	1 鲑科	哲罗鲑属	川陕哲罗鲑☆	*Hucho bleekeri* Kimura
365	07 鲑形目	1 鲑科	细鳞鲑属	细鳞鲑	*Brachymystax lenok*（Pallas）
366	08 胡瓜鱼目	1 香鱼科	香鱼属	香鱼	*Plecoglossus altivelis*（Temminck *et* Schlegel）
367	08 胡瓜鱼目	2 银鱼科	大银鱼属	中国大银鱼★	*Protosalanx chinensis*（Basilewsky）
368	08 胡瓜鱼目	2 银鱼科	大银鱼属	大银鱼	*Protosalanx hyalocranius*（Abbott）
369	08 胡瓜鱼目	2 银鱼科	间银鱼属	短吻间银鱼	*Hemisalanx brachyrostralis*（Fang）
370	08 胡瓜鱼目	2 银鱼科	新银鱼属	陈氏新银鱼	*Neosalanx tangkahkeii*（Wu）
371	08 胡瓜鱼目	2 银鱼科	新银鱼属	寡齿新银鱼	*Neosalanx oligodontis* Chen
372	08 胡瓜鱼目	2 银鱼科	新银鱼属	太湖新银鱼	*Neosalanx taihuensis* Chen
373	08 胡瓜鱼目	2 银鱼科	新银鱼属	安氏新银鱼	*Neosalanx anderssoni*（Rendahl）
374	08 胡瓜鱼目	2 银鱼科	银鱼属	前颌间银鱼▲	*Salanx prognathus*（Regan）
375	08 胡瓜鱼目	2 银鱼科	银鱼属	有明银鱼★	*Salanx ariakensis* Kishinouye
376	09 虾虎鱼目	1 塘鳢科	沙塘鳢属	暗色沙塘鳢	*Odontobutis obscurus*（Temminck *et* Schlegel）
377	09 虾虎鱼目	1 塘鳢科	沙塘鳢属	河川沙塘鳢	*Odontobutis potamophila*（Günther）
378	09 虾虎鱼目	1 塘鳢科	乌塘鳢属	中华乌塘鳢★	*Bostrychus sinensis*（Lacépède）
379	09 虾虎鱼目	1 塘鳢科	塘鳢属	尖头塘鳢	*Eleotris oxycephala* Temminck *et* Schlegel
380	09 虾虎鱼目	1 塘鳢科	小黄黝鱼属	小黄黝鱼	*Micropercops swinhonis*（Günther）
381	09 虾虎鱼目	2 虾虎鱼科	吻虾虎鱼属	子陵吻虾虎鱼	*Rhinogobius giurinus*（Rutter）
382	09 虾虎鱼目	2 虾虎鱼科	吻虾虎鱼属	褐吻虾虎鱼	*Rhinogobius brunneus*（Temminck *et* Schlegel）
383	09 虾虎鱼目	2 虾虎鱼科	吻虾虎鱼属	四川吻虾虎鱼☆	*Rhinogobius szechuanensis*（Tchang）
384	09 虾虎鱼目	2 虾虎鱼科	吻虾虎鱼属	波氏吻虾虎鱼	*Rhinogobius cliffordpopei*（Nichols）
385	09 虾虎鱼目	2 虾虎鱼科	吻虾虎鱼属	神农吻虾虎鱼	*Rhinogobius shennongensis*（Yang *et* Xie）
386	09 虾虎鱼目	2 虾虎鱼科	吻虾虎鱼属	刘氏吻虾虎鱼☆	*Rhinogobius liui* Chen *et* Wu
387	09 虾虎鱼目	2 虾虎鱼科	吻虾虎鱼属	李氏吻虾虎鱼	*Rhinogobius leavelli*（Herre）
388	09 虾虎鱼目	2 虾虎鱼科	鲻虾虎鱼属	粘皮鲻虾虎鱼	*Mugilogobius myxodermus*（Herre）
389	09 虾虎鱼目	2 虾虎鱼科	鲻虾虎鱼属	阿部鲻虾虎鱼★	*Mugilogobius abei*（Jordan *et* Snyder）
390	09 虾虎鱼目	2 虾虎鱼科	刺虾虎鱼属	长体刺虾虎鱼	*Acanthogobius elongata*（Fang）
391	09 虾虎鱼目	2 虾虎鱼科	刺虾虎鱼属	斑尾刺虾虎鱼★	*Acanthogobius ommaturus*（Richardson）
392	09 虾虎鱼目	2 虾虎鱼科	矛尾虾虎鱼属	矛尾虾虎鱼★	*Chaeturichthys stigmatias* Richardson
393	09 虾虎鱼目	2 虾虎鱼科	舌虾虎鱼属	舌虾虎鱼★	*Glossogobius giuris*（Hamilton）
394	09 虾虎鱼目	2 虾虎鱼科	缟虾虎鱼属	纹缟虾虎鱼★	*Tridentiger trigonocephalus*（Gill）
395	09 虾虎鱼目	2 虾虎鱼科	缟虾虎鱼属	髭缟虾虎鱼★	*Tridentiger barbatus*（Günther）
396	09 虾虎鱼目	2 虾虎鱼科	蝌蚪虾虎鱼属	睛尾蝌蚪虾虎鱼★	*Lophiogobius ocellicauda* Günther

编号	目	科	属	中文种名	拉丁名
397	09 虾虎鱼目	2 虾虎鱼科	鳗虾虎鱼属	须鳗虾虎鱼★	*Taenioides cirratus*（Blyth）
398	09 虾虎鱼目	2 虾虎鱼科	狼牙虾虎鱼属	拉氏狼牙虾虎鱼★	*Odontamblyopus lacepedii*（Temminck *et* Schlegel）
399	09 虾虎鱼目	2 虾虎鱼科	孔虾虎鱼属	孔虾虎鱼★	*Trypauchen vagina*（Bloch *et* Schneider）
400	09 虾虎鱼目	2 虾虎鱼科	大弹涂鱼属	大弹涂鱼★	*Boleophthalmus pectinirostris*（Linnaeus）
401	09 虾虎鱼目	2 虾虎鱼科	弹涂鱼属	大鳍弹涂鱼★	*Periophthalmus magnuspinnatus*Lee, Choi *et* Ryu
402	09 虾虎鱼目	2 虾虎鱼科	弹涂鱼属	弹涂鱼★	*Periophthalmus cantonensis* Cantor
403	09 虾虎鱼目	2 虾虎鱼科	青弹涂鱼属	青弹涂鱼★	*Scartelaos histophorus*（Valenciennes）
404	09 虾虎鱼目	2 虾虎鱼科	竿虾虎鱼属	竿虾虎鱼★	*Luciogobius guttatus* Gill
405	10 鲻形目	1 鲻科	鲻属	鲻★	*Mugil cephalus* Linnaeus
406	10 鲻形目	1 鲻科	鲛属	鲛★	*Liza haematocheila*（Temminck *et* Schlegel）
407	10 鲻形目	1 鲻科	鲛属	梭鲛★	*Liza carinata*（Valenciennes）
408	11 慈鲷目	1 慈鲷科	罗非鱼属	尼罗罗非鱼△	*Oreochromis niloticus*（Linnaeus）
409	11 慈鲷目	1 慈鲷科	罗非鱼属	奥利亚罗非鱼△	*Oreochromis aureus*（Steindachner）
410	11 慈鲷目	1 慈鲷科	罗非鱼属	莫桑比克罗非鱼△	*Oreochromis mossambicus*（Peters）
411	12 颌针鱼目	1 异鳉科	青鳉属	中华青鳉	*Oryzias sinensis* Chen, Uwa *et* Chu
412	12 颌针鱼目	1 异鳉科	青鳉属	青鳉	*Oryzias latipes*（Temminck *et* Schlegel）
413	12 颌针鱼目	2 鱵科	下鱵属	间下鱵	*Hyporhamphus intermedius*（Cantor）
414	13 鳉形目	1 胎鳉科	食蚊鱼属	食蚊鱼△	*Gambusia affinis*（Baird *et* Girard）
415	14 合鳃鱼目	1 合鳃鱼科	黄鳝属	黄鳝	*Monopterus albus*（Zuiew）
416	14 合鳃鱼目	2 刺鳅科	中华刺鳅属	中华刺鳅	*Sinobdella sinensis*（Bleeker）
417	14 合鳃鱼目	2 刺鳅科	刺鳅属	刺鳅	*Mastacembelus aculeatus*（Bloch）
418	14 合鳃鱼目	2 刺鳅科	刺鳅属	大刺鳅	*Mastacembelus armatus*（Lácepède）
419	15 攀鲈目	1 丝足鲈科	斗鱼属	圆尾斗鱼	*Macropodus chinensis*（Bloch）
420	15 攀鲈目	1 丝足鲈科	斗鱼属	叉尾斗鱼	*Macropodus opercularis*（Linnaeus）
421	15 攀鲈目	2 鳢科	鳢属	乌鳢	*Channa argus*（Cantor）
422	15 攀鲈目	2 鳢科	鳢属	月鳢	*Channa asiatica*（Linnaeus）
423	16 鲽形目	1 舌鳎科	舌鳎属	窄体舌鳎★	*Cynoglossus gracilis* Günther
424	16 鲽形目	1 舌鳎科	舌鳎属	短吻三线舌鳎★	*Cynoglossus abbreviatus*（Gray）
425	16 鲽形目	1 舌鳎科	舌鳎属	紫斑舌鳎★	*Cynoglossus purpureomaculatus* Regan
426	16 鲽形目	1 舌鳎科	舌鳎属	半滑舌鳎★	*Cynoglossus semilaevis* Günther
427	16 鲽形目	1 舌鳎科	舌鳎属	短吻红舌鳎★	*Cynoglossus joyneri* Günther
428	16 鲽形目	1 舌鳎科	舌鳎属	宽体舌鳎★	*Cynoglossus robustus* Günther
429	17 鳉目	1 鳉科	斜棘鳉属	香斜棘鳉★	*Repomucenus olidus*（Günther）
430	18 鲈形目	1 多锯鲈科	花鲈属	中国花鲈★	*Lateolabrax maculatus*（McClelland）
431	18 鲈形目	2 太阳鱼科	黑鲈属	大口黑鲈△	*Micropterus salmoides*（Lacepède）
432	18 鲈形目	3 鮨科	鳜属	鳜	*Siniperca chuatsi*（Basilewsky）

编号	目	科	属	中文种名	拉丁名
433	18 鲈形目	3 鮨科	鳜属	大眼鳜	*Siniperca kneri* Garman
434	18 鲈形目	3 鮨科	鳜属	斑鳜	*Siniperca scherzeri* Steindachner
435	18 鲈形目	3 鮨科	鳜属	波纹鳜	*Siniperca undulata* Fang *et* Chong
436	18 鲈形目	3 鮨科	少鳞鳜属	漓江少鳞鳜	*Coreoperca loona*（Wu）
437	18 鲈形目	3 鮨科	长身鳜属	长身鳜	*Coreosiniperca roulei*（Wu）
438	18 鲈形目	3 鮨科	少鳞鳜属	暗鳜	*Siniperca obscura* Nichols
439	18 鲈形目	4 鲈科	梭鲈属	梭鲈△	*Sander lucioperca*（Linnaeus）
440	18 鲈形目	5 马鲅科	马鲅属	四指马鲅★	*Eleutheronema tetradactylum*（Shaw）
441	19 鲉形目	1 杜父鱼科	淞江鲈属	淞江鲈▲	*Trachidermus fasciatus* Heckel
442	20 鲀形目	1 鲀科	东方鲀属	弓斑东方鲀★	*Takifugu ocellatus*（Linnaeus）
443	20 鲀形目	1 鲀科	东方鲀属	暗纹东方鲀▲	*Takifugu fasciatus*（McClelland）
444	20 鲀形目	1 鲀科	东方鲀属	菊黄东方鲀★	*Takifugu flavidus*（Li,Wang *et* Wang）
445	20 鲀形目	1 鲀科	东方鲀属	虫纹东方鲀★	*Takifugu vermicularis*（Temminck *et* Schlegel）
446	20 鲀形目	1 鲀科	东方鲀属	黄鳍东方鲀★	*Takifugu xanthopterus*（Temminck *et* Schlegel）
447	20 鲀形目	1 鲀科	东方鲀属	双斑东方鲀★	*Takifugu bimaculatus*（Richardson）
448	20 鲀形目	1 鲀科	东方鲀属	晕环东方鲀★	*Takifugu coronoidus* Ni *et* Li

注：☆表示长江特有种，△表示外来鱼类，★表示河口定居鱼类，▲表示河海洄游性鱼类。

附录 2 长江鱼类分布表

编号	中文种和名	沱沱河	金沙江	雅砻江	横江	长江上游干流	岷江（含大渡河）	赤水河	沱江	三峡库区干流	嘉陵江	乌江	长江中游干流	汉江	洞庭湖	鄱阳湖	长江下游干流	长江口
1	白鲟		○			○	○	○	○	○	○		○		○	○		○
2	长江鲟☆		○			○	○	○	○	○	○		○		○	○	○	
3	中华鲟▲		○			○		○	○	○	○		○	○	○	○	○	○
4	史氏鲟△			○						○							○	
5	杂交鲟△		○			○	○	○	○	○			○		○	○	○	
6	鳗鲡▲									○	○	○	○	○	○	○	○	○
7	刀鲚▲												○		○	○	○	○
8	凤鲚▲														○		○	○
9	短颌鲚						○		○	○	○		○	○	○	○	○	○
10	鲥▲									○			○		○	○	○	○
11	斑鰶★									○			○		○			○
12	筑鳍鳎				○					○	○		○			○		
13	大鳞鳎			○		○	○		○	○	○							
14	成都鳎☆		○	○		○	○		○									
15	马口鱼		○	○		○	○		○	○	○		○	○		○	○	○
16	中华细鲫		○			○			○	○	○		○	○			○	○
17	稀有鮈鲫☆						○		○									

续表

编号	中文种名	沱沱河	金沙江	雅砻江	横江	长江上游干流	岷江(含大渡河)	赤水河	沱江	三峡库区干流	嘉陵江	乌江	长江中游干流	汉江	洞庭湖	鄱阳湖	长江下游干流	长江口
18	青鱼		○	○		○	○	○	○	○	○	○	○	○	○	○	○	○
19	鯮		○			○	○	○	○	○	○		○	○	○	○	○	○
20	草鱼		○	○	○	○	○	○	○	○			○	○	○	○	○	○
21	大鳞黑线鳘 ☆													○				
22	黑线鳘		○	○														
23	尖头鳑								○								○	
24	拉氏鳑 △							○	○		○	○		○		○	○	
25	丁鳑			○		○							○					
26	赤眼鳟		○	○		○	○		○	○	○	○	○	○	○	○	○	○
27	鳤		○	○		○	○		○	○	○	○	○	○	○	○	○	○
28	鳡		○			○	○		○	○	○	○	○	○	○	○	○	○
29	飘鱼		○			○	○		○	○	○	○	○	○	○	○	○	○
30	寡鳞飘鱼		○			○	○	○	○	○	○	○	○		○		○	○
31	大眼华鳊		○			○					○	○	○		○			
32	四川华鳊 ☆			○			○		○		○			○				
33	伍氏华鳊											○						
34	长臀华鳊 ☆											○			○			
35	高体近红鲌 ☆		○			○	○	○	○	○	○		○					
36	汪氏近红鲌 ☆		○			○		○	○	○	○		○					
37	黑尾近红鲌 ☆		○			○		○	○	○			○					
38	雅砻白鱼 ☆			○														

续表

编号	中文种名	沱沱河	金沙江	雅砻江	横江	长江上游干流	岷江（含大渡河）	赤水河	沱江	三峡库区干流	嘉陵江	乌江	长江中游干流	汉江	洞庭湖	鄱阳湖	长江下游干流	长江口
39	西昌白鱼 ☆		○	○		○												
40	程海白鱼 ☆		○															
41	邛海白鱼 ☆			○		○												
42	嵩明白鱼 ☆		○															
43	寻甸白鱼 ☆		○															
44	多鳞白鱼 ☆		○															
45	银白鱼 ☆		○															
46	短臀白鱼 ☆		○			○												
47	半鱊 ☆						○	○	○	○	○	○	○					
48	似鱎				○	○							○		○	○	○	○
49	鱊		○			○	○	○	○	○	○	○	○	○	○	○	○	○
50	张氏鱊 ☆		○	○		○	○	○	○	○	○						○	
51	贝氏鱊		○	○		○		○	○	○	○	○	○	○	○	○	○	○
52	南方拟鱊			○		○				○					○			
53	海南拟鱊																	
54	贵州拟鱊 ☆																	
55	红鳍原鲌		○	○		○	○		○	○	○	○	○	○	○	○	○	○
56	翘嘴鲌		○	○		○	○		○	○	○	○	○	○	○	○	○	○
57	蒙古鲌		○	○		○			○	○	○	○	○	○	○	○	○	○
58	邛海鲌 ☆			○														
59	程海鲌 ☆		○															

编号	中文种名	沱沱河	金沙江	雅砻江	横江	长江上游干流	岷江（含大渡河）	赤水河	沱江	三峡库区干流	嘉陵江	乌江	长江中游干流	汉江	洞庭湖	鄱阳湖	长江下游干流	长江口
60	尖头鲌		○			○		○		○	○	○	○	○	○	○	○	
61	达氏鲌		○			○		○	○	○	○		○	○	○	○	○	○
62	拟尖头鲌 ☆		○						○						○			
63	鳊		○	○		○	○		○	○	○	○	○	○	○	○	○	○
64	厚颌鲂 ☆					○	○				○							
65	长体鲂 ☆					○	○											
66	中国鲂					○			○	○			○	○	○	○	○	○
67	团头鲂 ☆					○	○		○	○			○	○	○	○	○	○
68	银鲴		○			○	○		○	○			○	○	○	○	○	
69	黄尾鲴		○			○	○		○	○			○	○	○	○	○	○
70	云南鲴 ☆		○			○	○		○				○	○				
71	方氏鲴 ☆		○			○			○					○			○	
72	细鳞鲴		○			○			○	○			○	○	○	○	○	
73	湖北鲴 ☆		○			○				○					○		○	○
74	圆吻鲴		○	○		○			○	○			○	○	○	○	○	
75	大眼圆吻鲴 ☆		○			○			○	○			○	○	○	○	○	○
76	似鳊		○			○			○	○			○	○	○	○	○	○
77	鳤		○	○		○			○	○		○	○	○	○	○	○	○
78	鲢					○			○	○		○	○	○	○	○	○	○
79	唇鲴		○			○			○	○		○	○	○	○	○	○	
80	花鲭		○		○	○	○		○	○		○	○	○	○	○	○	○

编号	中文种名	沱沱河	金沙江	雅砻江	横江	长江上游干流	岷江（含大渡河）	赤水河	沱江	三峡库区干流	嘉陵江	乌江	长江中游干流	汉江	洞庭湖	鄱阳湖	长江下游干流	长江口
81	鮰鮈									○		○						
82	似鮈		○			○	○		○		○		○					
83	彭县似鮈☆					○			○									
84	麦穗鱼		○	○	○	○	○	○	○	○	○	○	○	○	○	○	○	○
85	长麦穗鱼		○													○		
86	华鳈		○			○	○	○	○	○	○	○	○	○	○	○	○	○
87	黑鳍鳈☆		○			○	○	○	○	○	○	○	○		○		○	○
88	川西鳈☆					○	○		○				○					
89	小鳈																	
90	江西鳈					○							○			○		
91	嘉陵颌须鮈☆			○		○	○	○		○	○	○	○	○				
92	短须颌须鮈☆		○			○		○			○			○				
93	隐须颌须鮈☆																	
94	银鮈☆		○	○	○	○	○	○	○	○	○	○	○	○	○	○	○	
95	亮银鮈☆					○							○	○			○	○
96	点纹银鮈☆					○							○	○			○	○
97	铜鱼		○			○	○	○	○	○	○	○	○	○	○	○	○	○
98	圆口铜鱼☆		○			○	○	○	○	○	○	○		○				
99	吻鮈☆		○			○	○	○	○	○	○	○	○	○			○	
100	圆筒吻鮈☆		○	○		○	○	○	○	○	○	○	○	○	○	○	○	
101	长鳍吻鮈☆		○	○		○	○		○	○	○	○	○	○	○	○	○	

续表

编号	中文种名	沱沱河	金沙江	雅砻江	横江	长江上游干流	岷江（含大渡河）	赤水河	沱江	三峡库区干流	嘉陵江	乌江	长江中游干流	汉江	洞庭湖	鄱阳湖	长江下游干流	长江口
102	湖南吻鮈☆					○							○	○				
103	裸腹片唇鮈☆		○			○	○		○	○	○		○	○				
104	长须片唇鮈☆				○		○	○		○	○		○	○				
105	片唇鮈					○			○			○	○	○				
106	镇江片唇鮈☆				○												○	
107	棒花鱼		○	○		○	○	○	○	○	○	○	○	○	○	○	○	○
108	钝吻棒花鱼☆		○			○	○	○	○	○	○		○	○				
109	乐山小鳔鮈		○			○	○	○	○									
110	福建小鳔鮈															○	○	
111	小口小鳔鮈☆															○	○	
112	洞庭小鳔鮈☆														○			
113	似鮈					○		○		○	○	○	○	○	○	○	○	○
114	似刺鳊鮈☆					○	○	○	○	○	○	○	○	○	○	○	○	○
115	长蛇鮈			○		○	○	○	○	○		○	○	○	○	○	○	○
116	蛇鮈		○	○	○		○					○	○	○	○	○	○	○
117	光唇蛇鮈☆									○				○				
118	斑点蛇鮈☆							○		○				○				
119	细尾蛇鮈☆							○						○				
120	湘江蛇鮈														○			
121	短身鳅蛇☆		○			○	○	○		○				○	○			
122	宜昌鳅蛇☆		○		○	○	○	○	○	○	○	○	○	○	○	○	○	○

续表

编号	中文种名	沱沱河	金沙江	雅砻江	横江	长江上游干流	岷江（含大渡河）	赤水河	沱江	三峡库区干流	嘉陵江	乌江	长江中游干流	汉江	洞庭湖	鄱阳湖	长江下游干流	长江口
123	南方鳅鮀									○			○	○	○			
124	短吻鳅鮀 ☆												○	○				
125	董氏鳅鮀																○	
126	异鳔鳅鮀 ☆		○		○	○	○				○		○	○			○	○
127	裸体异鳔鳅鮀 ☆		○	○		○	○	○	○	○			○	○		○	○	○
128	中华鲛鲅		○	○		○	○	○	○		○	○	○	○	○	○	○	○
129	高体鲛鲅		○	○		○	○	○	○		○	○	○	○		○	○	○
130	彩石鲛鲅		○		○	○	○	○	○		○		○	○		○		
131	方氏鲛鲅					○	○		○				○					
132	白边鲛鲅 ☆																	
133	大鳍鳎					○		○	○	○	○	○	○	○		○	○	○
134	长身鳎 ☆		○			○		○			○							
135	峨嵋鳎 ☆						○	○	○				○	○			○	○
136	越南鳎																	
137	须鳎					○	○	○	○	○	○	○	○	○		○	○	○
138	短须鳎					○	○	○	○		○		○	○				
139	寡鳞鳎 ☆					○	○	○	○									
140	无须鳎 ☆		○	○														
141	兴凯鳎		○	○														
142	斑条鳎								○	○			○	○			○	
143	巨口鳎 ☆												○					

编号	中文种名	沱沱河	金沙江	雅砻江	横江	长江上游干流	岷江（含大渡河）	赤水河	沱江	三峡库区干流	嘉陵江	乌江	长江中游干流	汉江	洞庭湖	鄱阳湖	长江下游干流	长江口
144	多鳞鳙												○		○			
145	条纹鱊 ☆																○	
146	广西鱊 △														○			
147	彩副鱊					○	○				○			○		○	○	○
148	革条副鱊															○		
149	多鳞四须鲃 ☆											○						
150	宽头林鲃 △											○						
151	大鳞鲃 △			○		○		○		○	○							
152	光倒刺鲃		○			○					○		○		○	○		
153	中华倒刺鲃 ☆		○	○	○	○	○	○	○			○	○	○	○			
154	金沙鲈鲤 ☆			○		○	○	○				○	○					
155	花鲈鲤 △							○										
156	多斑金线鲃		○									○						
157	滇池金线鲃 ☆		○															
158	乌蒙山金线鲃		○															
159	宽口光唇鱼 ☆		○	○		○	○	○	○		○	○	○					
160	云南光唇鱼 ☆				○		○	○			○	○	○					
161	台湾光唇鱼 ☆					○							○			○		
162	光唇鱼															○		
163	吉首光唇鱼 ☆											○						
164	薄颌光唇鱼												○					

续表

编号	中文种名	沱沱河	金沙江	雅砻江	横江	长江上游干流	岷江（含大渡河）	赤水河	沱江	三峡库区干流	嘉陵江	乌江	长江中游干流	汉江	洞庭湖	鄱阳湖	长江下游干流	长江口
165	多鳞白甲鱼					○	○			○	○			○				
166	白甲鱼		○		○	○	○			○	○		○		○			
167	四川白甲鱼☆		○	○		○	○	○	○		○	○	○					
168	大渡白甲鱼☆			○		○	○	○				○						
169	短身白甲鱼☆					○				○								
170	粗须白甲鱼											○						
171	稀有白甲鱼					○					○				○	○		
172	珠江卵形白甲鱼									○		○						
173	小口白甲鱼					○							○				○	
174	台湾白甲鱼																○	
175	侧纹白甲鱼☆																	
176	瓣结鱼		○	○		○	○	○	○	○	○	○	○					
177	赫氏华鲮☆		○			○	○	○	○	○	○		○		○			
178	伦氏孟加拉鲮☆			○				○			○	○	○	○				
179	洞庭孟加拉鲮☆					○				○								
180	沪溪直口鲮☆																	
181	变形直口鲮											○						
182	原鲮☆		○															
183	鲮△												○		○			
184	麦瑞加拉鲮△					○				○			○		○		○	
185	露斯塔野鲮△									○							○	

续表

编号	中文种名	沱沱河	金沙江	雅砻江	横江	长江上游干流	岷江（含大渡河）	赤水河	沱江	三峡库区干流	嘉陵江	乌江	长江中游干流	汉江	洞庭湖	鄱阳湖	长江下游干流	长江口
186	条纹异黔鲮							○										
187	泉水鱼 ☆		○	○	○	○	○	○	○	○		○	○					
188	华缨鱼 ☆									○		○						
189	宽唇华缨鱼 ☆							○										
190	墨头鱼 ☆		○	○	○	○	○	○	○	○		○	○					
191	云南盘鮈									○		○	○					
192	短鬃盘鮈		○	○		○	○			○								
193	短须裂腹鱼 ☆		○	○		○				○		○						
194	长丝裂腹鱼 ☆					○												
195	中华裂腹鱼 ☆		○			○	○			○	○	○	○	○				
196	齐口裂腹鱼 ☆		○	○	○	○		○		○	○		○					
197	细鳞裂腹鱼 ☆					○				○	○	○						
198	昆明裂腹鱼 ☆		○			○		○										
199	隐鳞裂腹鱼 ☆					○	○											
200	异唇裂腹鱼 ☆					○	○											
201	重口裂腹鱼 ☆		○	○		○			○	○	○							
202	四川裂腹鱼 ☆		○	○		○		○				○						
203	长须裂腹鱼 ☆		○				○											
204	小裂腹鱼 ☆		○															
205	厚唇裂腹鱼 ☆			○		○												
206	宁蒗裂腹鱼 ☆			○		○												

续表

编号	中文种名	沱沱河	金沙江	雅砻江	横江	长江上游干流	岷江（含大渡河）	赤水河	沱江	三峡库区干流	嘉陵江	乌江	长江中游干流	汉江	洞庭湖	鄱阳湖	长江下游干流	长江口
207	小口裂腹鱼☆			○		○												
208	灰裂腹鱼					○												
209	裸腹叶须鱼		○	○		○				○	○	○						
210	中甸叶须鱼☆		○															
211	中甸叶须鱼格咱亚种☆			○			○				○							
212	厚唇裸重唇鱼					○	○											
213	松潘裸鲤☆	○	○	○			○											
214	硬刺松潘裸鲤	○																
215	软刺裸裂尻鱼☆		○			○	○											
216	宝兴裸裂尻鱼☆						○											
217	大渡软刺裸裂尻鱼☆	○				○					○							
218	嘉陵裸裂尻鱼☆					○												
219	小头高原鱼☆	○																
220	岩原鲤☆		○	○		○	○	○	○	○	○	○	○		○			
221	小鲤☆		○															
222	鲤		○	○		○		○	○	○	○		○	○	○	○	○	○
223	散鳞镜鲤△			○		○		○	○	○	○	○		○			○	
224	三角鲤△									○							○	
225	饵鲤△		○														○	
226	杞麓鲤		○															
227	邛海鲤☆			○		○												

续表

编号	中文种名	沱沱河	金沙江	雅砻江	横江	长江上游干流	岷江（含大渡河）	赤水河	沱江	三峡库区干流	嘉陵江	乌江	长江中游干流	汉江	洞庭湖	鄱阳湖	长江下游干流	长江口
228	鲫		○	○	○	○	○	○	○	○	○	○	○	○	○	○	○	○
229	须鲫△		○							○								
230	胭脂鱼		○	○		○	○	○	○	○	○	○	○		○	○	○	○
231	侧纹云南鳅☆		○															
232	黑斑云南鳅☆		○															
233	长鳔云南鳅☆		○															
234	草海云南鳅☆		○									○						
235	干河云南鳅☆		○															
236	牛栏云南鳅☆		○															
237	横斑云南鳅☆		○															
238	四川云南鳅☆			○														
239	红尾副鳅		○	○	○	○	○	○	○	○	○	○	○	○				
240	短体副鳅☆		○		○	○	○	○	○	○	○	○	○	○				
241	乌江副鳅☆					○		○				○						
242	横纹南鳅		○		○	○						○						
243	似横纹南鳅☆		○															
244	牛栏江南鳅☆		○															
245	小眼戴氏南鳅																	
246	戴氏山鳅☆		○	○	○		○			○		○	○					
247	华坪条鳅☆		○									○						
248	粗壮高原鳅					○					○							

续表

编号	中文种名	沱沱河	金沙江	雅砻江	横江	长江上游干流	岷江（含大渡河）	赤水河	沱江	三峡库区干流	嘉陵江	乌江	长江中游干流	汉江	洞庭湖	鄱阳湖	长江下游干流	长江口
249	东方高原鳅		○	○							○							
250	唐古拉高原鳅☆	○																
251	异尾高原鳅☆	○																
252	小眼高原鳅	○																
253	黑体高原鳅		○			○							○					
254	昆明高原鳅☆										○							
255	西昌高原鳅☆		○	○														
256	秀丽高原鳅☆		○															
257	大桥高原鳅☆			○		○												
258	短须高原鳅☆			○														
259	拟硬刺高原鳅		○	○		○	○											
260	麻尔柯河高原鳅☆		○			○	○											
261	安氏高原鳅☆		○	○	○	○				○			○					
262	前鳍高原鳅☆		○		○	○												
263	短尾高原鳅		○			○	○											
264	贝氏高原鳅☆		○	○		○	○	○	○	○	○	○	○	○				
265	修长高原鳅	○	○	○		○	○			○								
266	斯氏高原鳅☆	○	○	○		○	○											
267	粗糙高原鳅☆	○		○			○											
268	细尾高原鳅☆		○	○		○												
269	姚氏高原鳅☆		○															

续表

编号	中文种名	沱沱河	金沙江	雅砻江	横江	长江上游干流	岷江（含大渡河）	赤水河	沱江	三峡库区干流	嘉陵江	乌江	长江中游干流	汉江	洞庭湖	鄱阳湖	长江下游干流	长江口
270	宁蒗高原鳅☆			○														
271	圆腹高原鳅☆	○																
272	多情高原鳅☆						○											
273	拟细尾高原鳅☆			○														
274	理县高原鳅☆						○											
275	滇池球鳔鳅☆		○															
276	中华沙鳅☆		○	○	○	○	○	○	○	○	○	○	○					
277	筸体沙鳅☆		○	○		○	○	○	○	○	○	○	○	○	○	○	○	
278	花斑副沙鳅		○	○	○	○	○	○	○	○	○	○	○	○	○	○	○	
279	双斑副沙鳅☆		○	○		○	○	○	○	○	○							
280	点面副沙鳅☆					○	○	○	○	○	○			○				
281	武昌副沙鳅☆		○	○		○	○	○	○	○	○	○	○	○	○	○	○	
282	长薄鳅☆		○	○		○	○		○	○	○		○	○	○	○	○	
283	紫薄鳅☆		○	○		○	○	○	○	○	○	○		○	○	○		
284	薄鳅		○	○			○	○	○		○							
285	小眼薄鳅☆		○			○	○		○		○			○				
286	红唇薄鳅☆		○				○	○	○					○				
287	东方薄鳅													○	○			
288	汉水扁尾薄鳅☆					○				○								
289	衡阳薄鳅☆														○			
290	中华花鳅		○			○	○	○	○	○	○		○	○	○	○	○	○

续表

编号	中文种名	沱沱河	金沙江	雅砻江	横江	长江上游干流	岷江（含大渡河）	赤水河	沱江	三峡库区干流	嘉陵江	乌江	长江中游干流	汉江	洞庭湖	鄱阳湖	长江下游干流	长江口
291	北方花鳅△									○				○				
292	大斑花鳅☆												○		○	○		
293	稀有花鳅☆										○							
294	泥鳅		○	○		○	○	○	○	○	○	○	○	○	○	○	○	○
295	北方泥鳅△													○				
296	大鳞副泥鳅		○	○		○	○	○	○	○	○	○	○	○	○	○	○	○
297	横斑原缨口鳅					○												
298	平舟原缨口鳅											○	○		○	○		
299	原缨口鳅					○										○		
300	似原吸鳅							○										
301	牛栏江似原吸鳅☆		○										○					
302	龙口似原腹吸鳅☆																	
303	珠江拟腹吸鳅														○			
304	侧沟爬岩鳅☆		○			○	○											
305	四川爬岩鳅☆		○		○	○				○		○	○					
306	牛栏爬岩鳅☆																	
307	犁头鳅☆		○	○		○	○	○	○	○	○	○	○	○	○	○		
308	窑滩间吸鳅☆		○	○		○	○	○	○	○	○	○	○					
309	短身金沙鳅☆		○	○		○	○	○	○	○	○	○	○					
310	中华金沙鳅☆		○	○		○	○	○	○	○	○	○	○					
311	西昌华吸鳅☆		○	○		○	○	○	○	○	○	○	○					

编号	中文种名	沱沱河	金沙江	雅砻江	横江	长江上游干流	岷江（含大渡河）	赤水河	沱江	三峡库区干流	嘉陵江	乌江	长江中游干流	汉江	洞庭湖	鄱阳湖	长江下游干流	长江口
312	四川华吸鳅☆		○			○	○	○	○	○	○	○	○					
313	下司华吸鳅☆														○			
314	汉水后平鳅☆		○			○				○			○	○				
315	峨嵋后平鳅☆				○	○	○	○		○	○	○	○					
316	短盖巨脂鲤△									○								
317	下口鲇△									○					○	○	○	○
318	鲇			○	○	○	○	○	○	○	○	○	○		○			
319	昆明鲇☆		○													○	○	○
320	南方鲇		○	○		○	○	○	○	○	○	○	○		○	○	○	○
321	黄颡鱼		○	○		○	○	○	○	○	○	○	○	○	○	○	○	○
322	长须黄颡鱼		○	○	○	○	○	○	○	○	○	○	○	○	○	○	○	○
323	瓦氏黄颡鱼				○	○	○	○	○	○	○	○	○	○		○	○	
324	光泽黄颡鱼				○	○	○		○	○	○	○	○	○	○	○	○	
325	长吻鮠											○	○				○	
326	粗唇鮠									○								
327	长须鮠☆		○								○						○	
328	叉尾鮠																	
329	圆尾拟鲿☆		○	○		○					○		○	○		○	○	
330	乌苏拟鲿☆		○					○		○		○	○			○	○	○
331	中臀拟鲿☆		○							○		○			○			○
332	切尾拟鲿☆		○	○	○	○	○		○	○	○	○	○	○				

编号	中文种名	沱沱河	金沙江	雅砻江	横江	长江上游干流	岷江(含大渡河)	赤水河	沱江	三峡库区干流	嘉陵江	乌江	长江中游干流	汉江	洞庭湖	鄱阳湖	长江下游干流	长江口
333	凹尾拟鲿 ☆		○	○		○	○	○	○	○	○	○	○	○		○		
334	细体拟鲿		○	○		○	○	○	○	○	○	○	○	○		○		
335	短尾拟鲿		○			○		○		○			○					
336	长脂拟鲿									○					○			
337	盆堂拟鲿											○		○	○	○		
338	白边拟鲿 ☆														○			
339	长臀拟鲿 ☆																○	
340	富氏拟鲿 ☆		○	○		○	○	○	○	○	○	○	○	○	○	○	○	
341	大鳍鳠		○		○	○	○		○		○	○	○	○		○	○	○
342	白缘鉠 ☆		○	○		○	○	○	○	○	○	○		○				
343	金氏鉠 ☆		○	○		○	○	○	○	○	○	○	○	○	○	○		
344	黑尾鉠																	
345	拟缘鉠 ☆		○			○							○			○		
346	司氏鉠															○		
347	鳗尾鉠																	
348	福建纹胸鮡		○	○		○	○	○	○	○	○	○	○	○		○		
349	中华纹胸鮡		○	○		○	○	○	○	○	○	○	○					
350	黄石爬鮡 ☆		○			○		○					○	○				
351	青石爬鮡 ☆		○	○		○	○	○	○	○		○	○					
352	长须石爬鮡 ☆		○			○	○	○	○	○		○	○					
353	中华鮡 ☆		○	○	○	○	○	○	○	○	○		○					

—167—

续表

编号	中文种名	沱沱河	金沙江	雅砻江	横江	长江上游干流	岷江（含大渡河）	赤水河	沱江	三峡库区干流	嘉陵江	乌江	长江中游干流	汉江	洞庭湖	鄱阳湖	长江下游干流	长江口
354	前鳍鮡☆		○			○					○							
355	四川鮡☆						○											
356	天全鮡☆						○											
357	壮体鮡☆						○											
358	短鳍鮡											○						
359	胡子鲇△		○			○						○	○		○	○	○	
360	蟾胡子鲇△					○		○		○			○		○		○	
361	革胡子鲇△		○			○	○	○		○		○	○	○	○			
362	斑点叉尾鮰△						○	○		○								
363	云斑鮰△													○				
364	川陕哲罗鲑☆					○	○											
365	细鳞鲑										○							
366	香鱼							○		○			○	○			○	○
367	中国大银鱼★									○			○			○	○	○
368	大银鱼									○					○		○	
369	短吻间银鱼														○	○	○	○
370	陈氏新银鱼		○														○	○
371	寡齿新银鱼			○											○	○		○
372	太湖新银鱼					○		○		○	○	○	○	○	○	○		○
373	安氏新银鱼																○	○
374	前颌间银鱼▲																○	○

续表

编号	中文种名	沱沱河	金沙江	雅砻江	横江	长江上游干流	岷江（含大渡河）	赤水河	沱江	三峡库区干流	嘉陵江	乌江	长江中游干流	汉江	洞庭湖	鄱阳湖	长江下游干流	长江口
375	有明银鱼★																○	○
376	暗色沙塘鳢												○	○	○	○	○	○
377	河川沙塘鳢					○	○			○			○				○	○
378	中华乌塘鳢★																○	○
379	尖头塘鳢																○	○
380	小黄黝鱼		○	○	○	○	○	○	○	○	○	○	○	○	○	○	○	○
381	子陵吻虾虎鱼		○	○	○	○	○	○	○	○	○	○	○	○	○	○	○	○
382	褐吻虾虎鱼☆		○	○		○					○							
383	四川吻虾虎鱼☆		○	○		○	○	○		○	○	○	○		○	○	○	○
384	波氏吻虾虎鱼		○								○			○				
385	神农吻虾虎鱼					○					○		○		○			
386	刘氏吻虾虎鱼☆							○			○							
387	李氏吻虾虎鱼					○				○	○		○		○	○	○	
388	粘皮鲻虾虎鱼					○				○			○					
389	阿部鲻虾虎鱼★																	○
390	长体刺虾虎鱼★																○	○
391	斑尾刺虾虎鱼★																○	○
392	矛尾虾虎鱼★																○	○
393	舌虾虎鱼★																○	○
394	纹缟虾虎鱼★																○	○
395	髭缟虾虎鱼★																○	○

续表

编号	中文种名	沱沱河	金沙江	雅砻江	横江	长江上游干流	岷江（含大渡河）	赤水河	沱江	三峡库区干流	嘉陵江	乌江	长江中游干流	汉江	洞庭湖	鄱阳湖	长江下游干流	长江口
396	睛尾蝌蚪虾虎鱼★																○	○
397	须鳗虾虎鱼★																○	○
398	拉氏狼牙虾虎鱼★																○	○
399	孔虾虎鱼★																	○
400	大弹涂鱼★																	○
401	大鳍弹涂鱼★																	○
402	弹涂鱼★																	○
403	青弹涂鱼★																	○
404	竿虾虎鱼★																○	○
405	鲥★																○	○
406	鲮★																○	○
407	梭鲮★		○															○
408	尼罗罗非鱼△			○						○								
409	奥利亚罗非鱼△											○						
410	莫桑比克罗非鱼△								○			○						
411	中华青鳉		○			○												
412	青鳉		○	○		○	○	○	○	○	○	○	○	○		○	○	○
413	间下鱵							○		○	○	○	○	○		○	○	○
414	食蚊鱼△		○	○		○	○	○	○	○	○	○	○	○		○	○	○
415	黄鳝			○		○	○	○		○	○	○	○	○		○	○	○
416	中华刺鳅												○	○		○	○	○

续表

编号	中文种名	沱沱河	金沙江	雅砻江	横江	长江上游干流	岷江（含大渡河）	赤水河	沱江	三峡库区干流	嘉陵江	乌江	长江中游干流	汉江	洞庭湖	鄱阳湖	长江下游干流	长江口
417	蝲鲏													○	○	○	○	○
418	大刺鳅										○		○		○	○	○	○
419	圆尾斗鱼					○		○	○	○	○		○		○	○	○	○
420	叉尾斗鱼		○	○		○	○	○	○	○	○		○		○	○	○	○
421	乌鳢		○	○		○	○	○	○			○		○	○	○	○	○
422	月鳢											○			○	○	○	○
423	窄体舌鳎 ★														○	○	○	○
424	短吻三线舌鳎 ★																	○
425	紫斑舌鳎 ★																	○
426	半滑舌鳎 ★																	○
427	短吻红舌鳎 ★																	○
428	宽体舌鳎 ★																○	○
429	香斜颌舌鳎 ★																○	○
430	中国花鲈 ★																○	○
431	大口黑鲈 △			○			○										○	
432	鳜		○	○		○		○	○	○	○	○	○		○	○	○	
433	大眼鳜		○			○		○	○	○	○	○	○		○		○	○
434	斑鳜		○	○		○						○					○	
435	波纹鳜					○						○						
436	漓江少鳞鳜					○									○			
437	长身鳜									○			○	○	○	○	○	

续表

编号	中文种名	沱沱河	金沙江	雅砻江	横江	长江上游干流	岷江（含大渡河）	赤水河	沱江	三峡库区干流	嘉陵江	乌江	长江中游干流	汉江	洞庭湖	鄱阳湖	长江下游干流	长江口
438	暗鳜									○								
439	梭鲈 △					○				○							○	
440	四指马鲅 ★							○									○	○
441	淞江鲈 ▲																	○
442	弓斑东方鲀 ★															○	○	○
443	暗纹东方鲀 ▲									○			○		○	○	○	○
444	菊黄东方鲀 ★																○	○
445	虫纹东方鲀 ★																○	○
446	黄鳍东方鲀 ★																	○
447	双斑东方鲀 ★																○	○
448	晕环东方鲀 ★																	○
	总计	10	209	147	54	225	166	163	138	194	175	148	200	138	139	134	157	131

注：☆ 表示长江特有种，△ 表示外来鱼类，★ 表示河口定居鱼类，▲ 表示河海洄游性鱼类，○ 表示有分布。